2022

Química Geral Sistemas Materiais em Foco

Odone Zago

Sistemas Materiais em Foco

1.ª edição - 2023
(01/01/2023)

Odone Zago

Licenciado em Química pela UFRGS
Especialista em Educação Química pela UFRGS
Mestre em Educação de Ciências e Matemática pela UFN
Professor do Ensino Superior, Médio e de Pré-Vestibulares e Enem

Sumário

Prefácio

A busca do ser humano pela maior segurança e melhor qualidade de vida envolve uma evolução de atitudes e pensamentos que só serão concretizados com muito investimentos em uma educação inclusiva, leve e geradora de cidadãos. Na Química, esse educar exige, dos professores, aprimoramento, estudos permanentes e aperfeiçoamentos que propiciam uma evolução tanto na forma de ensinar, gerando novos e melhores caminhos didáticos, quanto no que deve e o que é importante ser ensinado. Por outro lado, se sabe das dificuldades encontradas pelos estudantes para assimilar e acomodar os conteúdos formais da linguagem química. A montagem desse complexo quebra-cabeças químico exige atenção, dedicação, envolvimento e paixão. Também, é inegável a importância desta ciência para a formação de um cidadão ativo, consciente e capaz de compreender e modificar o mundo a sua volta.

Foi pensando em facilitar o aprendizado da Química que resolvi elaborar esta coleção modular. Cada módulo trará a teoria e testes sobre ela. O objetivo principal é o de apresentar de forma simples e direta os conceitos e aplicações decorrentes do conhecimento químico, assim, este material pode ser utilizado como uma leitura fundamental para todos que buscam se apossar do conhecimento químico e compreender os mecanismos que regem essa ciência. Nessa jornada haverá a aquisição e domínio dessa linguagem específica com ganho de sentido para a interpretação do ideário químico.

Com uma abordagem dinâmica, clara, moderna e adequada ao nosso tempo, muitas vezes há esquemas didáticos facilitadores e restrições conceituais relacionadas ao grau de importância do conteúdo e ao nível de estudo que queremos. Por outro lado, esse dinamismo e rapidez exige uma leitura atenta, pois, cada palavra de cada conceito foi estudada para que tenhamos conceitos mais precisos e claros, porém, curtos.

Espero que esta obra alternativa auxilie, amplie e impulsione paixões pela Química.

Bom proveito e sucesso!

O Autor

Unidade 1 - A Matéria nos Sistemas Materiais

Iniciaremos nossa viagem de estudos da matéria pela sua conceituação mais primitiva. Inicialmente consideraremos como matéria sensível tudo que podemos perceber usando os nossos sentidos e usando esse conceito podemos incluir todos os objetos que enxergamos e tocamos, e, até o ar que, intocado ou visualizado, tem a existência percebida quando enchemos nosso pulmão dele para celebrar a respiração e a vida. Mas, para a ciência, os sentidos não bastam para uma conceituação segura, pois, podem ser ludibriados e enganados. Ela exige mais, exige a precisão da concretude das medidas e os números que as acompanham. Assim, a matéria é definida por propriedades mensuráveis, logo, num conceito que agrada a ciência é considerá-la como tudo que possui massa e volume.

Exemplo de matéria: Meu corpo tem 70 kg de massa e um volume estimado em 66 litros.

Quando submetida a curiosidade, ao desejo e ao olhar humano, uma porção qualquer de matéria do universo, torna-se sistema material, e assim, poderá ser avaliada, observada, analisada e estudada em suas diversas propriedades e características. De forma científica ou não. Envolvendo poucas ou muitas propriedades e características. Basta estar sob o jugo humano e teremos a matéria abordada como um sistema material. Algo com concretude sólida, líquida, gasosa, fermiônica ou plasmática. Algo que pode ser admirado, observado e estudado. Assim são os sistemas materiais os exclusivos objetos de estudo da Química e deste livro e, para avançar nessa compreensão, teremos que estruturar melhor a ideia de matéria indo além do sensível, analisando seu comportamento e as suas propriedades.

Exemplo de sistema material: Se colocamos suco de uva em um copo e, nosso interesse está voltado, mesmo que de forma inconsciente e mecânica, para o sabor, a cor, a densidade e o prazer de ingeri-lo, então o suco será nosso sistema material e os outros objetos (o copo, a mesa, as cadeiras, as pessoas, a cidade,...) são considerados meio externo a esse sistema material.

Voltando a conceituação da matéria, observe que ela é conceituada a partir de duas importantes grandezas físicas que podem ser medidas, analisadas e comparadas. Aliás, essa última característica é de extrema importância para a ciência: a comparação. Dois corpos de mesmo volume podem ter massas diferentes assim como dois corpos de mesma massa podem ter volumes diferentes.

Exemplos: 1. Um quilograma de arroz tem volume maior que um quilograma de sal de cozinha.
    2. Um litro de água tem maior massa que um litro de algodão, e observe que o algodão é sólido.

Agora vamos analisar um pouco a grandeza massa. Medida facilmente em equipamentos chamados balanças, é uma grandeza física muito útil e usual. No cotidiano informal a chamamos de "peso", erro nos conceitos de Física, mas dicionarizado e aceito na linguagem cotidiana. O peso, grandeza importante da dinâmica é, de acordo com as teorias newtonianas, uma força. Esta, entre tantos tipos, relaciona a massa do corpo de determinado sistema material a aceleração da gravidade do local onde ele está exposto podendo ser obtida pela multiplicação da massa do corpo pela aceleração gravitacional do local ($P = m \cdot g$). Assim, o peso é dependente de sua localização. Uma mesma porção de matéria, na superfície da Terra terá um peso, na estratosfera outro e na Lua outro. Reforçando: o peso de um objeto depende do local. Inclusive se esse corpo não está submetido a ação da gravidade de nenhum astro, não há peso nele. Com a massa não é assim. Ela verificada numericamente em

    Sistemas Materiais em Foco

um determinado instante em qualquer local do universo, é imutável. Não depende da temperatura, pressão ou gravidade, ou seja, não depende do ambiente. Nesse sentido é independente. Energia na forma bruta. No uso cotidiano a ideia de massa nos fornece um útil, influente e importante conceito físico primitivo que, não mensurável e relacionado as sensações é vivenciado desde nossos primeiros momentos de vida, e, é ele que, com certeza, forma uma base fundamental e empírica da existência da ideia de massa e facilitam muito a compreensão da profunda ideia que cerca a matéria e as estruturas materiais.

Exemplo do uso da massa no cotidiano: Para muitos de nós, com acesso livre a saúde e alimentação, sempre houve medição da massa ("peso") com vistas principalmente para controles de consumo de alimento e verificação da saúde previstos pelos limites estabelecidos pelo IMC[1].

Um outro aspecto importante do uso da massa é o comercial. Humanos compram e vendem alimentos sólidos utilizando a massa como parâmetro (80 gramas de miojo, 300 g de queijo lanche, 3 kg de arroz integral, 80 g de gelatinas Fini, ...).

Vamos analisar agora a segunda propriedade que auxilia a conceituar cientificamente a matéria - o volume. Esta grandeza física pode ser matematicamente calculada pela geometria espacial e encerra um conceito primitivo ainda mais internalizado que o da massa. O volume está intimamente relacionado ao nível observacional e ao toque, percebemos esse espaço ocupado pelos

---

[1] IMC – índice de massa corpórea. Esse índice é utilizado pela OMS (organização mundial da saúde) como indicativo de massa ("peso") ideal para cada pessoa. Este índice é calculado utilizando a razão entre massa e a altura ao quadrado e a equação matemática para obtê-lo é:

$$IMC = massa / (altura \times altura)$$

Para um equilíbrio saudável o valor deverá estar em um intervalo que vai de um valor mínimo de 18,9 até um valor máximo de 24,9. No meu caso, tenho 70 kg e 1,67 m, logo meu $IMC = 70/(1,67)^2 = 25,10$, ou seja, estou acima do meu "peso" ideal.

objetos desde nosso primeiro contato físico com o mundo. Mais tarde, percebemos, sem estudos formais, que dois corpos, principalmente os sólidos, por ocuparem certos lugares definidos no espaço e que por terem exclusividade volumétrica, não podem ocupar o mesmo lugar ao mesmo tempo. Não há, nesse caso, interpenetração dos volumes. Cada corpo material tem o seu espaço ocupado do qual ele não divide, ao mesmo tempo, com nenhum outro corpo.

Com relação aos volumes de objetos líquidos e gasosos estes ocupam sempre o mesmo volume do recipiente que os contém, portanto, se você colocar um determinado gás dentro de um cilindro e volume ocupado pelo gás será exatamente igual ao volume do cilindro. O mesmo ocorre com os líquidos. Ao utilizar um copo de 300 mL e o enchermos de água, o volume da água no copo será de, exatamente, 300 mL. Para os sólidos é diferente, o volume dos sólidos, pela inexistência de fluidez, apresenta constância e independência, e, talvez por isso, estar mais intimamente relacionado a nossa ideia primitiva de volume.

Volumes podem ser medidos pela geometria espacial, assunto da matemática euclidiana, ou pela medida da diferença dos volumes. Este último processo se utiliza da fluidez dos líquidos. Imagine que você coloque em um frasco volumétrico graduado, que apresenta marcações de cada mililitro de volume, exatos 400 mL de água e um objeto sólido de qualquer formado é colocado dentro deste frasco, e, ao fazer uma nova leitura de volume no frasco graduado você lê: 408 mL. A quem você credita a diferença dos 8 mL de volume da segunda leitura? Sim, ao sólido. Esta é a maneira de calcular o volume de um sólido por diferença de volumes e com ela podemos até medir o volume ocupado por nosso corpo e percebam, diferente da massa, que é medida com auxílio de uma balança, instrumento encontrado com muita facilidade, pois, qualquer farmácia proporciona uma balança para este fim. Com o volume é diferente. A maioria das pessoas do planeta sabe sua massa, porém, vivem uma existência inteira sem saber o volume que ocupam.

Observe que o cálculo do volume por diferença poderá ser matematizado e calculado por uma equação, nela o volume do sólido mergulhado no líquido será igual a diferença dos volumes final e inicial do experimento. Observe a equação a seguir:

$$V_{sólido} = V_{inicial} - V_{final}$$

Cotidianamente, o volume é uma das grandezas físicas mais úteis e o utilizamos como medida para comprar e vender a matéria líquida e gasosa.

Exemplos: 1. Cada metro cúbico (m^3) de água potável é vendido para nós pelas companhias de saneamento por um certo valor.

2. O leite é comercialmente vendido por litro (L).

3. As indústrias farmacêuticas e de cosméticos vendem seus produtos líquidos em frascos com volumes, geralmente, medidos em mililitros (mL).

Massa e volume são apenas duas das muitas propriedades da matéria, mas nesse momento de nosso passeio pela ideia de matéria, entendemos melhor o motivo do conceito cientifico de matéria ser fortemente vinculado a elas. Bem, qualquer porção de determinada matéria encerra um conjunto de propriedades mensuráveis (numéricas como massa, volume, temperatura, ...) e não mensuráveis (não numéricas como cor, odor, ...).

Massa e volume são duas grandezas físicas escalares, ou seja, apresentam módulo (valor numérico) e unidade. As unidades de massa e volume são variadas. Para massa as mais comuns são o quilograma (kg), o grama(g) e o miligrama(mg), já, para o volume, são o metro cúbico (m^3), o litro(L) e o centímetro cúbico (cm^3) ou mililitro (mL). Todas essas unidades são utilizadas no cotidiano e, por isso, necessitaremos, muitas vezes, transformá-las. Observe os esquemas a seguir:

Para massa

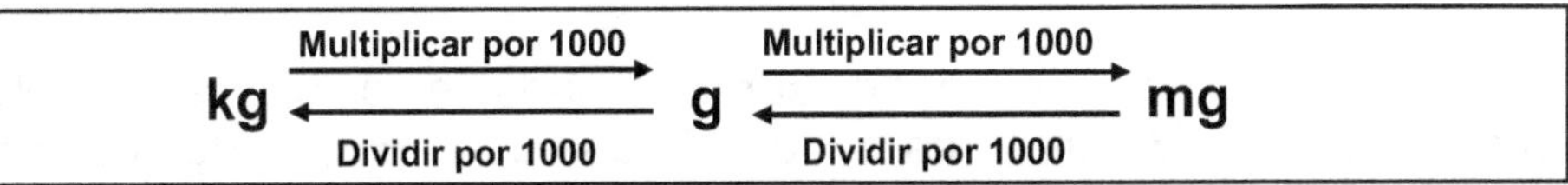

Para volume:

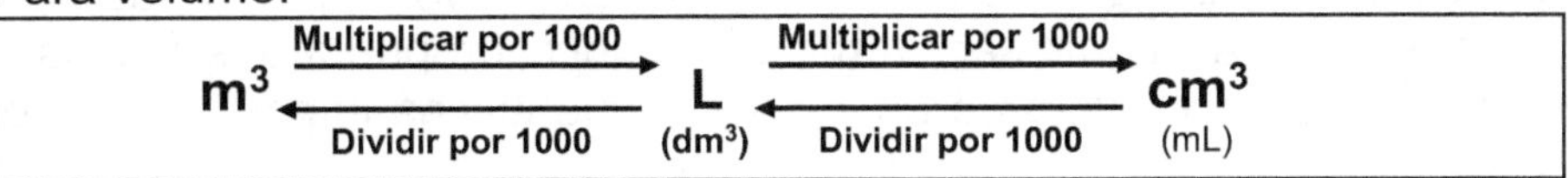

Exemplos:
1. Uma caixa de água tem 2 m³ de água qual seu valor em litros?
(Multiplicar o valor em metros cúbicos por mil)   2 . 1000 = 2000 L(litros)
2. Três bananas tem 400 gramas, mas ela é cobrada por quilograma, qual é a massa em quilogramas?
(Dividir o valor em quilogramas por mil)   400 / 1000 = 0,4 kg(quilogramas)
3. Um comprimido de determinado medicamento tem 20 mg do princípio ativo. Se o valor do grama é de U\$ 1000,00, qual a massa em gramas do princípio ativo de um comprimido?
(Dividir o valor em miligramas por mil)   20 / 1000 = 0,02 g
Qual é o valor, em dólares, de um comprimido?
1g ———U\$ 1000,00
0,02 g —— X   X = 1000.0,02 = U\$ 20,00 por comprimido.

1.1 Propriedades da Matéria

A matéria sensível pode ser estudada e classificada pelas propriedades que apresenta e, na trajetória da evolução dos estudos de suas características, apresenta várias como: cor, odor, sabor, densidade, dureza, aspereza, ..., massa e volume Na tabela 1, apresentada a seguir são verificadas cinco propriedades físicas da matéria, seus conceitos e observações científicas importantes sobre elas.

Tabela 1 – Algumas Propriedades da Matéria

Propriedade da matéria	conceito	observações
Massa (m)	É uma medida da quantidade de matéria de um sistema material. Ex.: Sou uma pessoa com 70 quilogramas.	Como a massa é uma grandeza escalar ela deverá ter valor um numérico e uma unidade. Unidades comuns: kg, g, mg,... 1 kg = 1000 g e 1 g = 1000 mg No cotidiano econômico compramos sólidos pela massa. Ex.: 1 kg de arroz custa 12 reais.
Volume (V)	É uma medida do espaço ocupado por um sistema material. Ex.: Meu corpo tem um volume de 65,7 litros.	Como o volume é uma grandeza escalar ele deverá ter um valor numérico e uma unidade. Unidades comuns: L , mL, cm^3, dm^3, m^3,... $1\ m^3 = 1000\ L = 1000\ dm^3$ $1\ L = 1dm^3 = 1000\ mL = 1000\ cm^3$ No cotidiano econômico compramos líquidos pelo volume. Ex.: 1 litro de leite custa 10 reais.
Massa Específica (μ)	É uma medida cujo valor é a razão entre a massa do sistema material e o volume que este ocupa. $$\mu = \frac{m}{V}$$	Como a massa específica é diferente para cada tipo de matéria podemos usá-la como referência para diferenciar, com dados numéricos, um tipo de matéria de outro. Ex.: A massa específica do ouro é 19,3 g/mL, já, a da prata é de 10,8 g/mL. As unidades mais comuns da massa específica são: $kg.L^{-1}$ e $g.mL^{-1}$.

Propriedade da matéria	conceito	observações
Dureza (sólidos)	É uma medida da resistência que um sistema material sólido apresenta ao ser riscado. Ex.: O diamante risca o vidro, pois é mais duro que este.	A medida pode ser dada pela escala de Mohs de dureza que varia de 1 até 10 cuja substância de máxima dureza é o diamante (10) e de menor dureza o talco (1).
Viscosidade (líquidos)	É uma medida da resistência do líquido ao escoamento. Ex.: A água escoa mais rápido que o mel, portanto, o mel é mais viscoso.	Os líquidos mais viscosos são aqueles que escoam mais devagar. Com o aumento da temperatura a viscosidade se reduz.

1.2 Leituras Interessantes

Os Icebergs

A água é uma substância atípica, pois é a única que o sólido é menos denso que o líquido. A massa específica[2] do gelo é de aproximadamente 0,92 g/mL e a da água pura é de 1 g/mL, assim, o gelo, de menor massa específica flutua na água líquida. Já, quando analisamos a densidade da água do mar, que é uma mistura que apresenta muitos sais dissolvidos, a densidade será de, aproximadamente, 1,03 g/mL. Logo, como o gelo tem massa específica menor que a densidade da água do mar, quando este se desprende das geleiras fica **flutuando**[3] com aproximadamente 8,9 % de seu volume aparecendo e 91,1 % abaixo do nível do mar. Este fato representa um perigo para os navegadores, pois, o volume que aparece é muito menor que o volume que está sob a água salgada.

---

[2] Massa específica e densidade são conceitos relacionados, a massa específica é utilizada para medir a razão entre a massa e o volume de matérias puras e a densidade é utilizada para matérias misturadas.
[3] **Flutuando** – ato ou efeito de flutuar. Movimentar-se de forma oscilatória na água ou no ar.

Observe a figura 1-1, apresentada a seguir, que permite verificar a relação entre o volume imerso e submerso de um iceberg.

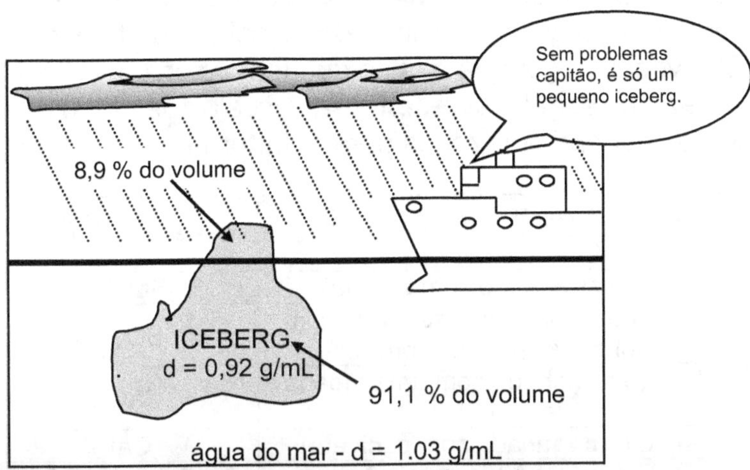

Figura 1-1 – Densidade do gelo e da água do mar
Fonte: figura elaborada pelo autor

A Escala de Mohs de Dureza

A Escala de Mohs qualifica a dureza dos minerais. Criada em 1812 pelo mineralogista alemão Friedrich Mohs a partir da dureza de 10 minerais existentes na crosta terrestre. Ele atribuiu valores de 1 a 10 para as durezas, porém, esta escala não corresponde à uma medida absoluta da dureza, por exemplo, o diamante, que tem o valor máximo da escala, 10, tem dureza absoluta 1500 vezes maior que o talco que tem valor 1.

A tabela a seguir apresenta a escala de Mohs e a composição dos minerais utilizados para estruturá-la.

Dureza	Mineral (Identificação da dureza)	Fórmula química
1	Talco (é arranhado com a unha).	$Mg_3Si_4O_{10}(OH)_2$
2	Gipsita (ou Gesso), (é arranhado com a unha – exige mais força).	$CaSO_4 \cdot 2H_2O$
3	Calcita (é arranhado com uma moeda de cobre).	$CaCO_3$
4	Fluorita (é arranhada com canivete).	CaF_2
5	Apatita (é arranhada com canivete – exige mais força)	$Ca_5(PO_4)_3(OH^-,Cl^-,F^-)$
6	Feldspato/Ortoclásio (é arranhado por ligas de aço)	$KAlSi_3O_8$
7	Quartzo (arranha o vidro comum. Ex.: Ametista)	SiO_2
8	Topázio (arranha o quartzo)	$Al_2SiO_4(OH-,F-)_2$
9	Corindon (arranha o topázio)	Al_2O_3
10	Diamante (só é arranhado por outro diamante)	C

Unidade 2 - As Substâncias

A matéria, que, como visto anteriormente, é tudo que possui massa e volume, apresenta como constituintes fundamentais as substâncias químicas. São elas as estruturas que conferem a matéria suas propriedades. Elas podem ser sólidas, líquidas, gasosas, ásperas, viscosas, coloridas, transparentes, densas, ... Existem milhões de substâncias e, cada uma delas, é diferente da outra por uma ou mais de suas propriedades. Na natureza elas normalmente se encontram misturadas gerando materiais com propriedades novas e que, muitas vezes, nenhuma substância na forma pura poderia ter.

Por sua vez, estas substâncias químicas são formadas pelos elementos químicos e podem ser representadas por uma fórmula química[4].

Exemplo 1: Água destilada (água pura) – matéria formada por uma substância pura de fórmula H_2O (apresenta os elementos hidrogênio e oxigênio).

Exemplo 2: Soro Fisiológico – matéria formada por duas substâncias misturadas a água e o cloreto de sódio (H_2O e $NaCl$ – fórmulas com os elementos hidrogênio, oxigênio, sódio e cloro).

Cada substância química só pode ser representada por uma única fórmula, observe, no exemplo 2, acima, que o soro fisiológico apresenta duas substâncias misturadas, a água e o sal. Nessa mistura não há uma única fórmula química e sim duas, uma para cada substância misturada.

Há, de acordo com a escrita da fórmula química, dois tipos de substâncias puras. Há aquelas elementares e formadas por um único elemento químico, como, por exemplo, o gás oxigênio absorvido pelos pulmões no processo respiratório, cuja fórmula

---

[4] A fórmula química se utiliza dos símbolos químicos dos elementos que são encontrados na tabela periódica dos elementos.

química é $O_{2(g)}$, e as que são composições de dois ou mais elementos, como, por exemplo, o dióxido de carbono liberado para atmosfera como resultado final do processo respiratório, cuja fórmula é $CO_{2(g)}$.

Para compreender melhor o significado das fórmulas teremos que compreender a ideia de elemento químico. Fundamentado na ideia grega de que tudo seria formado pelos quatro elementos divinos e fundamentais: Terra, Fogo, Água e Ar. Uma concepção que, devido a pertencer a uma linha filosófica preponderante, durou mais de 2000 anos e, longevidade, parecia perene e indiscutível. Porém, os aprofundamentos e questionamentos sobre a natureza da matéria exigiu da humanidade a criação de uma nova ciência para explicar e conhecer melhor as características e profundezas da estrutura material – a Química. Em 1789, com a publicação do livro "Tratado de Química Elementar", o cientista francês, Antoine Lavoisier, quebra o paradigma da linha filosófica grega e propõe a ideia dos elementos químicos. Não seriam mais Terra, Fogo, Água e Ar os formadores da matéria e sim os 33 elementos químicos propostos em seu estudo. Entre estes elementos constava o oxigênio, o nitrogênio, o ouro, a prata, o mercúrio e o chumbo e, propunha Lavoisier, que outros elementos seriam descobertos. E foram. Atualmente há na natureza terrena 90 elementos químicos. Estes formam tudo que conhecemos. Porém, o ser humano foi além, criou artificialmente mais elementos, pelo menos 28 e que junto com 90 naturais formam os 118 elementos químicos que compõe a Tabela Periódica.

A cada elemento é atribuído um símbolo químico que corresponde a uma ou duas letras sendo a primeira sempre maiúscula.

A Tabela Periódica a seguir apresenta esses 118 elementos, seus nomes e seus símbolos químicos.

Tabela Periódica Moderna

Símbolo em vermelho para elementos artificiais
Símbolo em azul para elementos naturais.

F → Símbolo do elemento
Flúor → Nome do Elemento

1	2	3	4	5	6	7	8	9	10	11	12	13	14	15	16	17	18
H Hidrogênio																	He Hélio
Li Lítio	Be Berílio											B Boro	C Carbono	N Nitrogênio	O Oxigênio	F Flúor	Ne Neônio
Na Sódio	Mg Magnésio											Al Alumínio	Si Silício	P Fósforo	S Enxofre	Cl Cloro	Ar Argônio
K Potássio	Ca Calcio	Sc Scandio	Ti Titânio	V Vanádio	Cr Cromo	Mn Manganês	Fe Ferro	Co Cobalto	Ni Níquel	Cu Cobre	Zn Zinco	Ga Gálio	Ge Germânio	As Arsênio	Se Selênio	Br Bromo	Kr Criptônio
Rb Rubídio	Sr Estrôncio	Y Ítrio	Zr Zircônio	Nb Nióbio	Mo Molibdênio	Tc Tecnécio	Ru Rutênio	Rh Rhódio	Pd Paládio	Ag Prata	Cd Cádmio	In Índio	Sn Estanho	Sb Antimônio	Te Telúrio	I Iodo	Xe Xenônio
Cs Césio	Ba Bário	Lu Lutécio	Hf Háfnio	Ta Tantálio	W Tungstânio	Re Rênio	Os Ósmio	Ir Irídio	Pt Platina	Au Ouro	Hg Mercúrio	Tl Tálio	Pb Chumbo	Bi Bismuto	Po Polônio	At Astato	Rn Radônio
Fr Frâncio	Ra Radio	Lr Laurêncio	Rf Rhuterfórdio	Db Dubnio	Sg Seabórgio	Bh Bohrio	Hs Hássio	Mt Meitnério	Ds Darmstádtio	Rg Roentgênio	Cn Copernício	Nh Nihônio	Fl Fleróvio	Mc Moscóvio	Lv Livermório	Ts Tenesso	Og Oganessônio

Série dos Lantanídeos (6)	La Lantânio	Ce Cério	Pr Praseodimio	Nd Neodimio	Pm Promécio	Sm Samário	Eu Európio	Gd Gadolinio	Tb Térbio	Dy Disprósio	Ho Hólmio	Er Érbio	Tm Túlio	Yb Itérbio
Série dos Actinídeos (7)	Ac Actínio	Th Thório	Pa Proactínio	U Urânio	Np Neptúnio	Pu Plutônio	Am Americio	Cm Cúrio	Bk Berquélio	Cf Califórnio	Es Eistênio	Fm Férmio	Md Mendeleiévio	No Nobélio

Diferente da ideia dos elementos primordiais propostos pela filosofia grega hegemônica[5], um elemento químico é definido hoje como o conjunto de todos os átomos[6] do universo que apresentam as mesmas características e propriedades químicas. Assim, verificamos que o elemento apresenta um conceito bem abstrato. Na concretude material, para cada elemento químico é atribuída, pelo menos, uma substância pura que chamamos de substância pura elementar. Esta sim, concreta e passível de estudo e análise. O ouro, por exemplo, é um elemento químico cujo símbolo é Au, retirado das iniciais do latim Aurum, que significa "brilhante". Por conceito, o elemento ouro seria o conjunto de todos os átomos de ouro que existem no universo, porém, no mundo concreto ele pode ser apresentado como um metal amarelo claro, brilhante e dourado, de difícil oxidação. É a concretude do elemento. Para o ouro essa é a sua única e possível substância pura elementar sendo ela singular entre as demais substâncias puras elementares e, por isso, apresenta-se no universo com características e propriedades distintas de todas as outras.

De forma simplificada, nas representações das fórmulas químicas das substâncias puras há utilização dos símbolos químicos, de números que indicam a proporção dos elementos formadores e a representação de seu estado físico. Observe o exemplo a seguir:

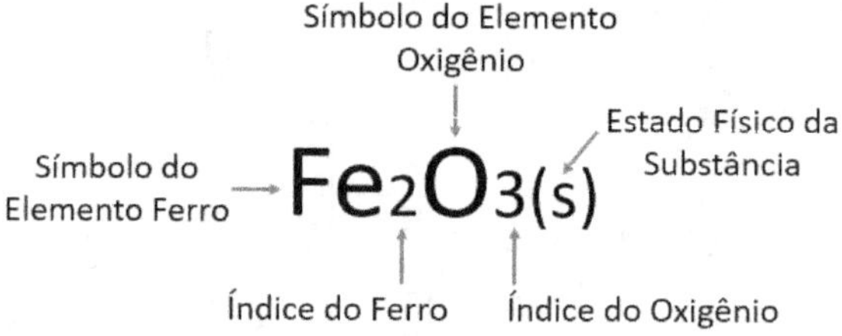

---

[5] Filosofia branca como propõe o professor Clóvis de Barros Filho.
[6] Átomos estes propostos pelos gregos Leucipo e Demócrito, uma linha alternativa do pensamento Grego, e cujas obras foram, possivelmente, destruídas pela linha hegemônica e cujos principais expoentes foram Platão, Sócrates e Aristóteles.

A tabela 2, colocada a seguir, tem o objetivo de apresentar de forma simples e comparada as diferenças entre como analisamos os elementos e as das substâncias químicas.

Tabela 2 – Os Elementos e Substâncias

Constituintes	Conceito	Representação Química	Exemplos
Elementos Químicos	Elementos são o conjunto de todos os átomos[7] que apresentam as mesmas características estruturais e comportamento químico. São os 118 elementos que compõe a tabela periódica.	Os elementos são representados pelos símbolos químicos. Estes apresentam uma ou duas letras. A primeira letra é sempre maiúscula.	O, F, C, N, Fe, He, Co, Ni, Hg, Au ...
Substâncias Químicas	As substâncias químicas são as estruturas concretas fundamentais que formam a matéria. Elas podem estar puras ou misturadas e são originadas por átomos isolados (gases nobres) ou ela união dos átomos. Ex.: Água.	As substâncias são representadas pelas fórmulas químicas que tem um ou mais símbolos químicos com números subscritos (índices) e que fornecem a proporção entre os elementos formadores da substância.	$O_{2(g)}$, $CaO_{(s)}$, $Fe_2O_{3(s)}$, $H_2O_{(l)}$, $NH_{3(g)}$, $NaHCO_{3(s)}$, ...

Obs.: Lembre-se sempre que as substâncias conferem a matéria as suas propriedades físicas (cor, densidade, odor, ...) e químicas (reatividade, pH,...).

---

[7] Os átomos são estruturas fundamentais que formam as substâncias e serão melhor apresentados no Módulo 2 desta coleção (Atomística em foco).

A tabela 3, colocada a seguir, tem o objetivo de apresentar a diferença entre as substâncias puras simples e compostas e suas representações.

Tabela 3 – Tipos de Substância e Suas Características

Tipo de substância	Conceito	Exemplos
Substância Pura Simples	Formada apenas por um tipo de elemento químico[8]. Sua fórmula apresenta um único símbolo químico	$O_{2(g)}$, $H_{2(g)}$, $N_{2(g)}$, $Fe_{(s)}$, $Ni_{(s)}$, ...
Substância Pura Composta (composto químico)	Formada por dois ou mais tipos de elementos químicos.	$H_2O_{(l)}$, $NO_{2(g)}$, $SO_{3(g)}$, $NH_{3(g)}$, $NaOH_{(s)}$,...

Para a maioria das substâncias simples suas fórmulas utilizam apenas o símbolo químico do elemento seguido de seu estado físico – (g) gasoso / (l) líquido / (s) sólido.

Observe a Tabela 4 a seguir que apresenta a relação de escrita entre a representação do elemento (abstrato) e a substância (material e concreta):

Tabela 4 – Símbolos, fórmulas e características.

Exemplo	Símbolo (elemento)	Fórmula (substância elementar)	Características da Substância Pura Elementar
Ferro	Fe	Fe(s)	Metal utilizado para produzir aço. Constitui 5% da crosta terrestre.
Hélio	He	He(g)	Gás nobre, segundo elemento mais abundante do universo.
Mercúrio	Hg	Hg(l)	Único metal líquido nas condições ambiente utilizado.
Argônio	Ar	Ar(g)	É o gás nobre mais abundante na atmosfera (0,93%).
Carbono	C	C(s)	As formas mais comuns de carbono são o grafite e o diamante.

---

[8] Um determinado elemento químico representa o conjunto de todos os átomos do universo que apresentam propriedades idênticas.

De todos os elementos da Tabela Periódica, apenas os elementos hidrogênio, nitrogênio, oxigênio, flúor, cloro, bromo e iodo não apresentam o símbolo igual a fórmula, estes elementos formam substâncias simples com estruturas fundamentais diatômicas e, assim, levam índice 2.

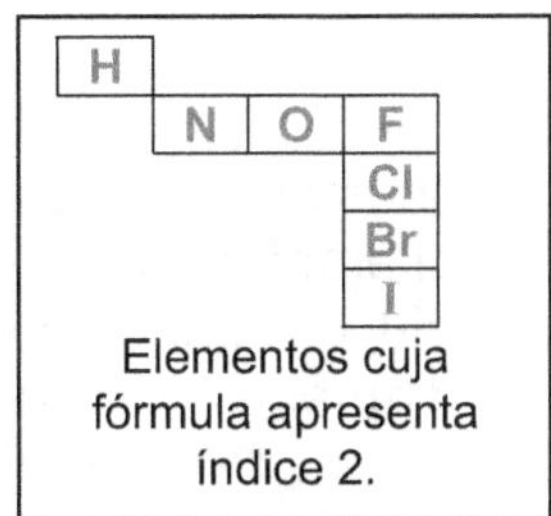

Elementos cuja fórmula apresenta índice 2.

Exemplo: H – símbolo do elemento hidrogênio
H_2 – fórmula da substância hidrogênio

Característica das Substâncias:

✓ A Substância Tem Fórmula Química – Cada substância tem a sua fórmula estrutural.

✓ Na substância a ebulição e fusão ocorrem em temperaturas constantes (calores latentes).

✓ Mantida a pressão e temperatura as substâncias apresentam densidade constante e característica.

Exemplo: água.

Fórmula: H_2O – Ponto de Fusão: 0°C – Ponto de Ebulição: 100 °C e massa específica medida a 25°C e 1 atm: 1 g/mL (um grama de água para cada um mililitro).

2.1 Alotropia

A alotropia é um fenômeno natural que ocorre quando um mesmo elemento forma substâncias simples diferentes, ou seja, as substâncias formadas pelo elemento apresentam propriedades diferentes. Por exemplo, o elemento carbono tem dois alótropos muito conhecidos: o grafite, que utilizamos para escrever, e o diamante, utilizado como pedra preciosa. Ambas substâncias têm propriedades muito diferentes, mas são formadas apenas por átomos do elemento químico carbono. Isso ocorre devido aos átomos do elemento se organizarem em estruturas diferentes, ou seja, se dispõe espacialmente de forma distinta.

Apenas alguns elementos podem apresentar alotropia os mais importantes são carbono (C), Oxigênio (O), Fósforo (P) e enxofre (S). Seus alótropos mais comuns são apresentados no esquema a seguir (esquema COPS).

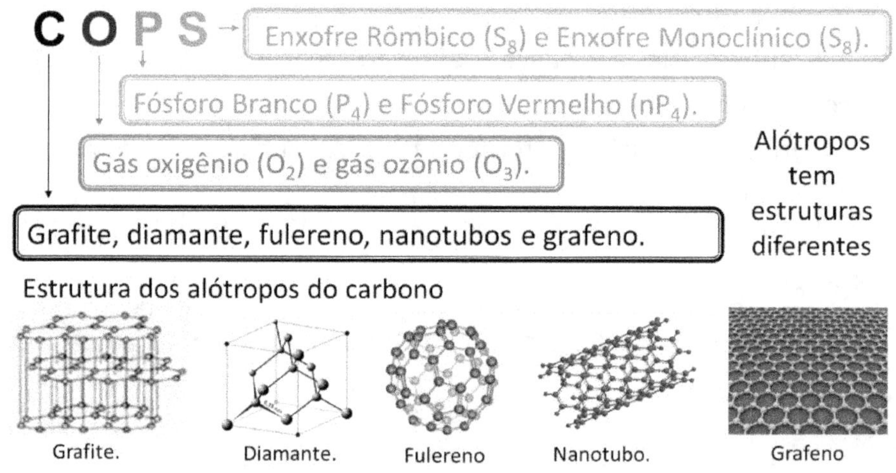

2.2 Leituras Importantes

Os Fulerenos

Em 1985, Harold W. Kroto e Richard E. Smalley, estudando a ação de raios *laser* sobre o grafite observaram a formação de estruturas ocas, contendo 60 átomos de carbono (C_{60}). Estas estruturas apresentavam a forma de uma bola de futebol e foi chamada buckybola ou fulereno. Posteriormente verificou-se que este alótropo pode ser encontrado em uma rocha proveniente da Rússia chamada shungita e na atmosfera de certas estrelas. Desta forma, o fulereno, seria o terceiro alótropo do carbono.

Atualmente existem vários tipos de fulerenos com 32, 44, 50, 70, 240, 540 e 960 átomos de carbono.

O Oxigênio e o Ozônio

O elemento oxigênio pode originar duas substâncias diferentes (alótropos) que são o gás oxigênio (O_2) e o ozônio (O_3). Apesar de ambas serem gases na temperatura ambiente e serem formadas pelo mesmo tipo de átomo, estas substâncias são completamente diferentes com relação a algumas propriedades.

No gás oxigênio os átomos unem-se aos pares formando moléculas diatômicas apolares. Este gás representa, aproximadamente, 22 % da massa da atmosfera e é mais abundante nas baixas camadas (troposfera). É uma substância vital para os organismos pois é através de sua utilização como comburente que os seres vivos, através da queima (combustão) de substâncias como a glicose e a gordura, obtêm sua energia vital. Nenhuma reação de combustão ocorre sem a presença de oxigênio. Já, o ozônio apresenta os átomos de oxigênio unindo-se aos trios formando moléculas polares triatômicas. Enquanto o oxigênio é incolor e não apresenta cheiro o ozônio é azulado e apresenta um odor característico. Na baixa atmosfera o ozônio é um excelente oxidante podendo ser utilizado na purificação da água (ozonizadores) pois elimina, por oxidação, microrganismos.

Nos aparelhos de purificação de água por ozônio (ozonizadores) ele pode ser obtido submetendo-se o gás oxigênio a descargas elétricas. Observe a equação abaixo.

$$3O_{2(g)} \xrightarrow{\text{DESCARGAS ELÉTRICAS}} 2O_{3(g)}$$

Gás oxigênio Gás ozônio

O ozônio forma, na estratosfera, uma fina camada que protege os seres vivos das radiações ultravioleta (UV) vindas do Sol. Esta camada em seu estado normal retém, aproximadamente, 93 % das radiações ultravioletas vindas do Sol. A poluição devido a interferência do ser humano tem paulatinamente destruído a camada de ozônio.

A difusão da utilização de geladeiras, ar-condicionado, embalagem de polietileno expandido (bandejas e recipientes descartáveis como, por exemplo, as caixas para acondicionar ovos) e **aerossóis** se deve principalmente a produção, a partir de 1940, de gases não tóxicos, baratos, inertes na baixa atmosfera e não combustíveis, os cloro-flúor-carbono (CFC). Parecia ser o gás ideal, porém, na estratosfera este gás absorve radiação ultravioleta e forma radicais livres de cloro (Cl·). Estes radicais são muito reativos e atuam como catalisadores[9] transformando as moléculas de ozônio em moléculas de gás oxigênio. Observe as reações a seguir:

Primeira etapa: Ataque do radical cloro ao ozônio.

$$Cl\cdot(g) + O_3(g) \xrightarrow[\text{em}]{\text{Se transformam}} ClO(g) + O_2(g)$$

Radical cloro   ozônio   Monóxido de cloro   Gás oxigênio

Segunda etapa: Ataque do monóxido de cloro ao ozônio.

$$ClO(g) + O_3(g) \xrightarrow[\text{em}]{\text{Se transformam}} Cl\cdot(g) + 2\,O_2(g$$

Radical cloro   ozônio   Radical cloro   Gás oxigênio

Reação Global (resumo do processo):

$$2\,O_3(g) \xrightarrow[\text{em}]{\text{Se transforma}} 3\,O_2(g)$$

Gás ozônio   Gás oxigênio

Atualmente, no Brasil, e em outros 92 países do mundo, um acordo firmado em junho de 1990 (Protocolo de Montreal) estabelece que a partir do ano 2000 é proibido fabricar equipamentos que utilizem CFC ou utilizá-lo como gás de expansão, pois, como a camada de ozônio está muito desgastada a utilização intermitente poderia causar uma catástrofe. Estima-se que se não ocorrerem mais interferências a camada de ozônio estará recomposta daqui a 50 anos. Há uma teoria de que a camada de ozônio sofre desgaste em ciclos e que, aproveitando esse desgaste, as empresas e indústrias que produziam o CFC, cuja patente estaria liberada para produção criaram artificialmente a crise, bem, não há comprovação, portanto, parece mais uma das teorias conspiratórias criadas nesse nosso universo social fluido.

É bom lembrar que hoje utilizamos filtros e bloqueadores solares UV a fim de evitar câncer de pele, justamente porque a radiação ultravioleta chega à superfície terrestre com maior intensidade devido à destruição da camada de ozônio.

---

[9] Substância química que torna mais veloz determinada reação química.

Nas condições de pressão e temperatura do ambiente, pressão de 1 atm e temperatura de 20°C, o gás oxigênio é mais estável, ou seja, é a forma que possui menor energia e maior abundância.

O Fósforo

Apesar do fósforo não ser encontrado livre na natureza, ou seja, não é encontrado na forma de substância simples. No laboratório poderemos obter dois tipos de fósforo, o fósforo branco e o fósforo vermelho. O fósforo branco é constituído por moléculas formadas por quatro átomos de fósforo (P_4) e o fósforo vermelho, mais comum, apresenta uma estrutura mais complexa que envolve um número muito grande de átomos de fósforo interligados (P_n ou P).

O fósforo branco é um sólido e sua exposição ao ar é perigosa, pois queima de forma espontânea ao entrar em contato com o oxigênio. Por ser reativo é guardado dentro de água desoxigenada[10]. Este tipo de fósforo é muito tóxico e a ingestão de, aproximadamente 100 mg, pode levar o indivíduo a morte.

O fósforo vermelho é mais utilizado em nosso cotidiano. Ele está em uma mistura nas laterais das caixas de fósforo (observe figura 1-2 a seguir) e têm a função de ser o agente de combustão, pois o atrito gera o calor necessário para gerar a energia necessária para a combustão do palito. Em alguns países se produzem fósforos não se utilizam o fósforo vermelho e sim o sulfeto de fósforo (P_4S_3) que é colocado cabeça do palito e este acende por atrito com qualquer superfície áspera (fósforo sem segurança).

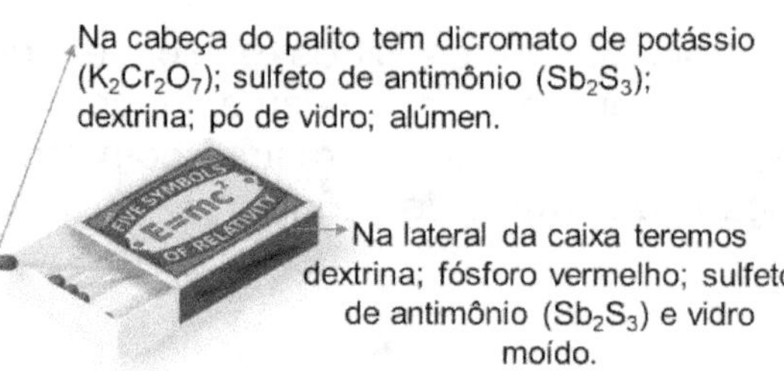

---

[10] Água desprovida de gás oxigênio ($O_{2(g)}$) dissolvido.

Figura 1-2 – Caixa de Fósforos

Nas condições de pressão e temperatura do ambiente o fósforo vermelho é mais estável o fósforo branco pode até ser explosivo. Observe a figura 2-2 apresentada a seguir:

Figura 2-2 - Bomba feita com fósforo branco atinge alvo durante o exercício militar ao sul de Taiwan. — Foto: Sam Yeh/AFP

Fonte: https://g1.globo.com/mundo/noticia/2022/04/13/entenda-o-que-e-e-como-funciona-uma-bomba-de-fosforo-branco.ghtml

Assim, o fósforo vermelho, nas condições de temperatura e pressão do ambiente, é o mais abundante e estável.

Existem, fundamentalmente, dois alótropos para o enxofre: O enxofre rômbico (enxofre alfa) e o enxofre monoclínico (enxofre beta). Diferentemente dos outros alótropos comuns (carbono, oxigênio e fósforo) as estruturas dos alótropos do enxofre não são formadas pelos átomos de enxofre e sim por estruturas formadas por oito átomos de enxofre interligados (S_8) que são chamas de moléculas de enxofre. Observe a figura 3-2 apresentada a seguir:

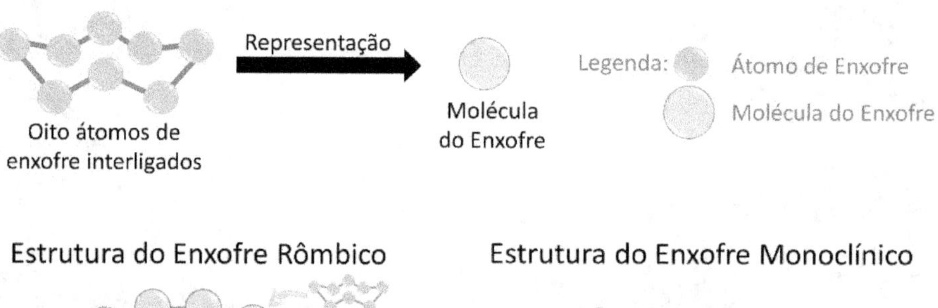

Estrutura do Enxofre Rômbico

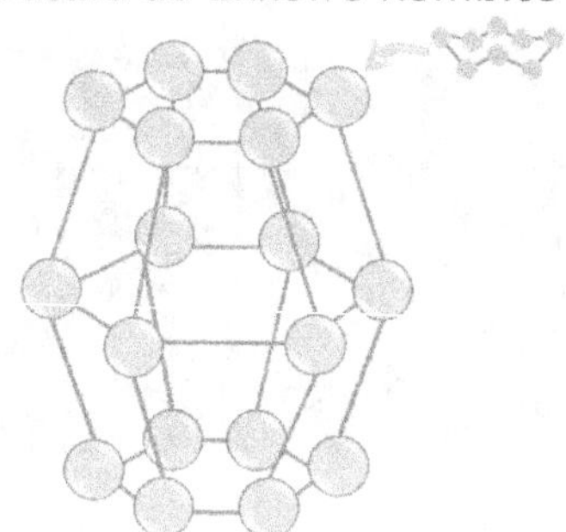

18 Moléculas S_8 Interligadas

Estrutura do Enxofre Monoclínico

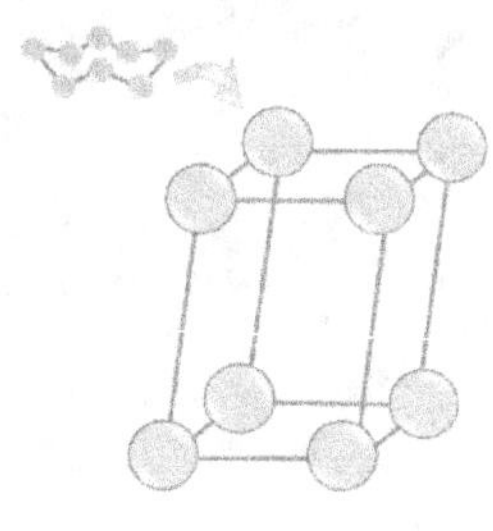

8 Moléculas S_8 Interligadas

Figura 3-2 – A molécula de enxofre gerando o enxofre rômbico e o monoclínico
Fonte: Desenho elaborado pelo autor.

Na figura 3, apresentada anteriormente, percebe-se que, diferente dos das dos outros alótropos, cada esfera das estruturas, tanto rômbicas quanto monoclínicas correspondem, cada uma, a oito átomos de enxofre interligados (molécula do enxofre).

As propriedades físicas dos enxofres rômbico e monoclínico são diferentes. O enxofre rômbico, por exemplo, tem densidade 2,07 g/cm^3 e P.F. = 119 ^0C, já, o enxofre monoclínico tem densidade 1,96 g/cm^3 e P.F. 112,8 ^0C. Esses alótropos podem se transformar um no outro e a reação de transformação de $S\alpha$ (rômbico) em $S\beta$ (monoclínico) ocorre a temperatura de 95,6 ^0C. Observe, a seguir, a equação química que representa essa transformação.

$$S_{(rômbico)} \xrightarrow[P = 1\ atm]{T = 95,6\ °C} S_{(monoclínico)}$$

Nas condições de pressão e temperatura do ambiente a forma rômbica é a mais estável, ou seja, é a que possui menor energia e maior abundância nas condições de pressão e temperatura da medida.

Unidade 3 – As Misturas de Substâncias

Quando juntamos duas ou mais substâncias diferentes em um mesmo recipiente, teremos uma mistura. Se as substâncias misturadas forem **miscíveis**, ou seja, apresentam propriedades físicas semelhantes, interagem bem uma com a outra e juntas geram uma fase, teremos uma mistura homogênea. Essas misturas também são chamadas de **solução**, por outro lado, se as substâncias forem **imiscíveis**, ou seja, apresentam propriedades físicas diferentes, não conseguem interagir uma com a outra gerando fases distintas, teremos uma mistura heterogênea. A tabela 5, apresentada a seguir, caracteriza e dá exemplos dos dois tipos de misturas.

Tabela 5 – A Classificação das Misturas

CLASSIFICAÇÃO	CARACTERÍSTICAS	EXEMPLOS
Misturas Homogêneas ou Soluções	Se apresentam com aspecto uniforme. Terão uma só fase e que terá todas as propriedades físicas iguais.	soro fisiológico, suco de uva filtrado, vinho filtrado, lágrima, água mineral,
Misturas Heterogêneas	Se apresentam com aspecto não uniforme, há cores, texturas e até estados físicos diferentes coexistindo no mesmo recipiente. Terão duas ou mais fases.	gasolina e água; água e azeite; granito; vinagre e óleo de oliva; ...

O que é Fase? É uma parte homogênea de um sistema material que apresenta mesmas características físicas (cor, odor, densidade, ...) e químicas (composição, concentração, ...). A fase apresenta uniformidade em toda sua extensão, ou seja, qualquer parte dela apresenta mesma cor, composição, ...

Exemplo: um copo de água com uma pitada de sal de cozinha apresenta uma única fase pois, em qualquer ponto da mistura (água e sal) verificamos mesma cor, mesmo odor, mesma densidade etc.

O que significa "miscível"? Uma substância é miscível em outra quando consegue se dissolver, ou seja, as duas juntas formam uma só fase. Quando juntamos duas substâncias imiscíveis formam-se duas fases.

Exemplos: Ao colocar uma colher de açúcar em um copo de água o açúcar se dissolve em água, assim, podemos dizer que o açúcar é miscível em água (mistura homogênea). Porém, ao colocar uma esfera de cobre na água observa-se que o cobre é imiscível em água, pois o cobre não se dissolve na água (mistura heterogênea).

CUIDADO!!!!

Quantas fases apresentam os sistemas materiais abaixo?

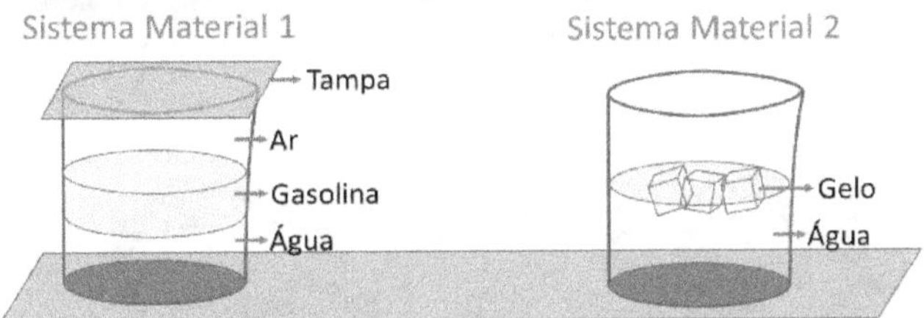

O sistema 1 representa uma mistura heterogênea com três fases: ar, gasolina e água. Se tirarmos a tampa serão duas fases: água e gasolina. O ar neste caso será considerado meio externo.

O sistema 2 apresenta duas fases: gelo ($H_2O_{(s)}$) e água líquida ($H_2O_{(l)}$). Este sistema não é uma mistura, pois temos uma só substância, porém será considerado um sistema material heterogêneo.

3.1 Classificação dos Sistemas Materiais

Como os sistemas materiais são qualquer porção de matéria que esteja sob nossa observação eles podem tanto ser tanto uma substância pura como uma mistura de substâncias. Podemos classificá-los conforme o número de fases, assim, se tiverem uma só fase serão sistemas materiais homogêneos como, por exemplo, o mel peneirado e filtrado, ou, se tiverem duas ou mais fases podem ser classificados em sistemas materiais heterogêneos como, por exemplo, água com cubos de gelo (imagine que estamos usando água pura). Assim, a classificação ocorre pela aparência. Observe atentamente a tabela a seguir que apresenta essa classificação.

Tabela 6 – Os Tipos de Sistemas Materiais

TIPO	CONCEITO	POSSIBILIDADES E EXEMPLOS
Sistemas Homogêneos	Apresentam uma única fase	Substâncias puras. Exemplo: água líquida (uma fase).
		Misturas homogêneas. Exemplo: água e sal (uma fase).
Sistemas Heterogêneos	Apresentam duas ou mais fases.	Substâncias puras em estados físicos diferentes. Exemplo: água líquida e gelo – duas fases.
		Misturas heterogêneas. Exemplo: areia e óleo (duas fases).

Sistemas Materiais em Foco

O diagrama a seguir apresenta de outra maneira essa subdivisão:

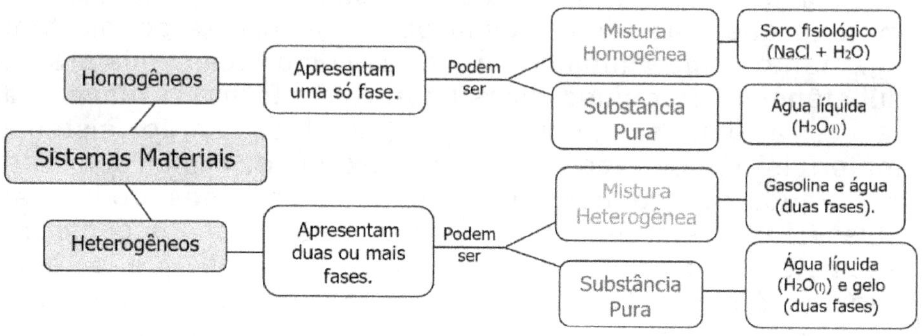

Misturas Homogêneas e Substâncias Puras

Apesar de ambas terem uma só fase, as misturas homogêneas (soluções) não devem ser confundidas com as substâncias puras. Inicialmente podemos diferenciar as substâncias das misturas pelos integrantes: as misturas são formadas por componentes químicos e as substâncias são formadas por elementos químicos. Por sua vez, as misturas homogêneas apresentarem uma composição química cujos componentes químicos integrantes podem ser separados por métodos físicos chamados de análise imediata, já, as substâncias apresentam uma fórmula química e os elementos químicos integrantes dessa fórmula não podem ser separados por métodos físicos de separação, mas, somente, por reações químicas de decomposição. Como exemplo podemos comparar dois sistemas materiais: a água destilada (água pura) e o soro fisiológico, ambos sistemas apresentam uma só fase, portanto, são homogêneos. O primeiro sistema, a água, é uma substância pura, é representada pela fórmula H_2O e seus elementos formadores hidrogênio e oxigênio podem ser separados por uma reação química chamada de eletrólise que está representada na equação química a seguir:

$$H_2O_{(l)} \rightarrow H_{2(g)} + \tfrac{1}{2} O_{2(g)}$$

Por outro lado, o segundo sistema material, o soro fisiológico, é uma mistura homogênea de água (H_2O) e cloreto de sódio que só existe pela miscibilidade do cloreto de sódio em água, essa mistura não apresenta uma fórmula e sim uma composição química em que há 99,1 % em massa de água (H_2O) e 0,9% em massa de cloreto de sódio (NaCl). Esses dois componentes dessa mistura homogênea podem ser separados por um processo físico chamado destilação simples.

Há outras diferenças fundamentais entre as misturas homogêneas e as substâncias puras relacionadas a propriedades físicas comuns como temperatura de ebulição, temperatura de fusão e densidade. Observe atentamente as diferenças expostas na tabela 7, apresentada a seguir:

Tabela 7 – Diferenças entre Substâncias Puras e Misturas Homogêneas

Substância Pura	Mistura Homogênea
Tem densidade constante.	Densidade varia e depende da composição.
Tem temperatura de fusão constante (ponto de fusão).	A temperatura varia durante a fusão (não tem ponto de fusão)
Tem temperatura de ebulição constante (ponto de ebulição).	A temperatura varia durante a ebulição (não tem ponto de ebulição).

Cuidado!

É comum representar o sal de cozinha por NaCl mas, na verdade, o sal de cozinha não pode ser representado por uma única fórmula pois é uma mistura de substâncias (± 8% são outras substâncias).

Água da torneira, do mar, do lago, do poço, do rio, tratada, potável, oxigenada e água mineral são misturas homogêneas, a água pura é dita água destilada e deionizada, ou seja, uma água isenta de quaisquer outras substância que não a representada por H_2O.

3.2 Leituras Importantes

O Soro Caseiro e o Soro Fisiológico

Apesar de importantes o soro caseiro e o soro fisiológico são, muitas vezes confundidos. O soro caseiro é uma mistura de 1 colher de sal e três colheres de açúcar em um copo de água (aproximadamente 300 mL) e sua função é evitar a desidratação, principalmente, de crianças. Já o soro fisiológico é uma mistura de 0,9 % de cloreto de sódio puro (principal substância presente no sal de cozinha) com água pura (água destilada) e sua função vai desde a limpeza de lentes de contato (os especialistas não aconselham, pois existem soluções mais apropriadas) até como excipiente de medicamentos para utilização intravenosa. Observe que no soro caseiro a proporção não exige uma exatidão nem uma pureza, porém, em se tratando do soro fisiológico é necessária uma grande exatidão nas medidas e a pureza dos componentes da mistura.

O Sal de Cozinha

O sal de cozinha é formado uma mistura homogênea que contém praticamente 92% de cloreto de sódio (NaCl). Pode ser encontrado nos mares, oceanos e minas. O sal de origem mineral é chamado de halita e possui grau de pureza maior que 92%.

O consumo de sal é tão importante que ele está entre as substâncias cuja avaliação de consumo per capita fornece o quando é desenvolvido um país. Como é utilizado como tempero na alimentação ajuda a perceber o quanto de comida certa população consome. Na antiguidade o sal era mais raro e tão importante que os romanos pagavam o soldo de seus soldados com sacos de sal, daí vem a expressão "salário", que ainda utilizamos hoje.

Outras substâncias que podem estar presentes, em pequenas proporções, no sal de cozinha são o iodeto de potássio (KI), dextrose (glicose – $C_6H_{12}O_6$) , bicarbonato de sódio ($NaHCO_3$), carbonato de sódio (Na_2CO_3), hidróxido de cálcio ($Ca(OH)_2$), fosfato ácido de sódio (Na_2HPO_4), pirofosfato de sódio ($Na_4P_2O_7$), cloreto de magnésio ($MgCl_2$), carbonato de magnésio ($MgCO_3$), silicato de cálcio (Ca_2SiO_4), fosfato de cálcio ($Ca_3(PO_4)_2$), carbonato de cálcio ($CaCO_3$), silicato de sódio (Na_4SiO_4) e alumina (Al_2O_3).

O iodeto de potássio (KI) é uma substância adicionada na proporção de 0,01 %, em massa, pois fornece o íon iodeto (I^{1-}) que é necessário para a formação da tiroseína, o hormônio da glândula tireóide. A adição deste sal (KI) é necessária, pois o íon iodeto, muitas vezes, não é encontrado nos alimentos de determinadas populações[11], e sem a produção da tiroseína a

---

[11] Os peixes apresentam iodeto de potássio.

pessoa pode desenvolver doenças e deformações como o bócio (o popular papo).

O Ouro

O ouro é um metal precioso e nobre, pois, por ser pouco reativo não se modifica com a ação do tempo, e, além do mais, pode ser facilmente trabalhado pois é macio e apresenta uma bela coloração. O ouro é um metal pouco abundante conhecido pelo homem a, aproximadamente, 5000 anos. Para cada tonelada de terra teremos, aproximadamente, cinco gramas de ouro. Ele é o terceiro melhor condutor de eletricidade, depois da prata e do cobre, e apresenta uma incrível **ductibilidade**[12], pois um grama de ouro pode produzir até 2000 metros de fios. Atualmente, fios de ouro podem ser implantados sob a pele com a função de suspender os tecidos auxiliando a eliminar rugas.

A pureza do ouro é medida em quilates. O ouro puro apresenta 24 quilates, mas por ser muito macio, o ouro 18 quilates é o mais utilizado para a confecção de joias. Ele corresponde a uma mistura que leva 18 partes de ouro e 6 partes de prata e/ou cobre, ou seja, apresenta 75 % de ouro e 25% dos outros metais. Não devemos confundir a avaliação de quilates do ouro com a do diamante. Para o diamante, cada 200 mg de massa, corresponde a um quilate. Um diamante de um grama apresenta cinco quilates.

Uma substância que pode ser confundida com o ouro devido à aparência é o disulfeto de ferro (FeS_2) que forma a mineral pirita, conhecido como ¨ouro de tolo¨. A pirita tem cheiro característico, fornece traço esverdeado, não conduz corrente elétrica, ..., ou seja, ela tem propriedades físicas e químicas muito diferentes do ouro.

---

[12] A ductibilidade é a capacidade de um metal em formar fios.

Unidade 4 – Os Estados Físicos da Matéria

4.1 Os Três Estados Físicos e suas Transformações

Estudaremos a matéria em seus três estados físicos mais comuns: sólido, líquido e gasoso. O estado físico de um sistema material depende do grau de agregação das suas estruturas fundamentais. Se elas estão mais próximas e organizadas teremos o estado físico sólido, se estão mais afastadas e com maior grau de liberdade teremos o estado líquido, porém, se estiverem muito distantes e com um extremo grau de liberdade para sua movimentação teremos o estado gasoso. A medida do grau de liberdade e de organização de um sistema material é fornecido por uma propriedade da matéria chamada de entropia (S).

No estado sólido se observa uma estrutura mais organizada em que a movimentação de suas partículas formadoras fica muito restrita aos movimentos de rotação e de vibração. Movimentos que podem ser realizados sem a partícula sair do lugar. Nos estados líquido e gasoso, porém, as partículas formadoras do sistema material realizam, além da vibração e rotação, o movimento de translação sendo que, no estado gasoso, devido ao distanciamento das partículas os movimentos de translação são muito facilitados.

Aumentando ou diminuindo a temperatura podemos fazer determinada substância mudar seu estado entrópico e físico. O aquecimento de um sólido, por exemplo, aumenta a agitação das partículas até o ponto que os movimentos de rotação e vibração não bastam para conter a energia contida nelas, assim, o sólido derrete e permite um novo movimento para escoar sua grande energia que é o movimento de translação. O resfriamento causa o processo contrário.

Ao perder energia para o meio externo, uma substância líquida, por exemplo, reduz seu estado entrópico e físico e com as partículas em baixa energia não é mais possível transladar, assim, o líquido se solidifica. Logo, podemos imaginar que, para determinada substância química, o estado sólido é aquele cujas partículas que a formam apresentam menor energia.

A organização estrutural do estado sólido o torna incompressível, ou seja, não sente os efeitos da pressão. Já o estado líquido por apresentar, em relação ao gasoso, pequena distância entre as partículas formadoras é de difícil compressão, por outro lado, o estado gasoso é aquele que, apresentando estruturas fundamentais muito energéticas e distantes é o único completamente compressível, ou seja, que sente realmente o efeito da variação da pressão.

Observe na tirinha apresentada na figura 1-4, apresentada seguir, um desenho do grande Maurício de Souza, que mostra a água em seus três estados físicos.

Figura 1-4 – Tirinha do Maurício de Souza Representando os três Estados Físicos da Água

Mauricio de Sousa. *Turma da Mônica. O Estado de S. Paulo.*

Como a temperatura de um sistema material é a medida do grau de agitação de suas partículas formadoras e o calor é a energia térmica em trânsito e este ocorre, naturalmente, do corpo de maior temperatura para o de menor temperatura. Para ocorrer aumento da temperatura do sistema há necessidade de que este absorva calor em um processo chamado de endotérmico. Por outro lado, a redução de temperatura de um sistema exige que este libere calor para seu exterior em um processo chamado de exotérmico.

A figura 2-4, apresentada a seguir, apresenta a relação entre os estados físicos, a energia térmica envolvida e a temperatura

Figura 2-4 – Processos Exotérmicos e Endotérmicos e a Temperatura

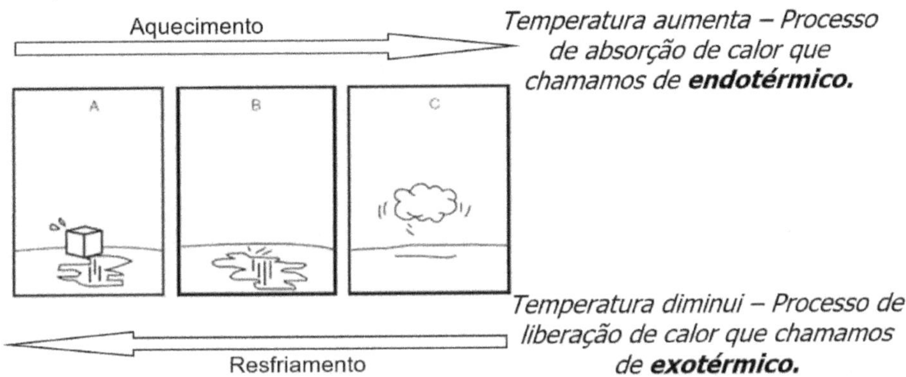

Uma transformação, física ou química, que ocorra com variação de temperatura também ocorre com variação da quantidade de calor do sistema transformado, ou seja, há uma relação intima entre calor e temperatura e isso é verificado na classificação das transformações que ocorrem com um sistema. Na transformação endotérmica o sistema tem agregado calor a sua estrutura, ou seja, a energia de suas partículas aumenta o que gera maior agitação das mesmas e, portanto, maior temperatura. Assim, podemos afirmar que a absorção de calor (energia em trânsito) por um sistema material causa aumento de sua temperatura. Por outro lado, se ocorre uma transformação exotérmica com o sistema material é indicativo que sua quantidade de calor diminui, ou seja, há trânsito de energia do sistema material para o meio externo, portanto, perda de calor do sistema material. Nesse caso, a agitação das partículas do sistema diminuirá e, com isso sua temperatura diminui. Desta forma, podemos afirmar que se há perda de calor pelo sistema material sua temperatura necessariamente se reduzirá.

Observe o esquema 1, apresentado a seguir, apresenta a relação entre a temperatura, os tipos de processos de transformação da matéria, a agitação das partículas e a entropia (S).

Esquema 1 – Relação Entre os Estados Físicos e a Temperatura

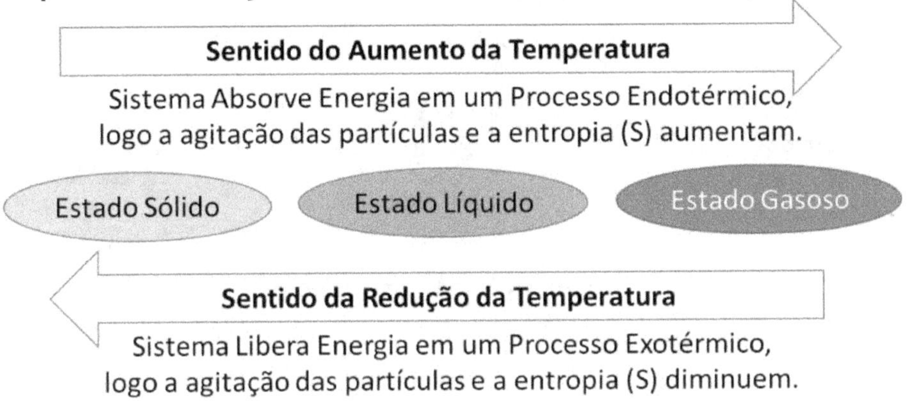

Sentido do Aumento da Temperatura

Sistema Absorve Energia em um Processo Endotérmico, logo a agitação das partículas e a entropia (S) aumentam.

Estado Sólido | Estado Líquido | Estado Gasoso

Sentido da Redução da Temperatura

Sistema Libera Energia em um Processo Exotérmico, logo a agitação das partículas e a entropia (S) diminuem.

Fonte: Montado pelo autor.

Resumindo

O processo endotérmico tem como efeito o aumento da Temperatura
O processo exotérmico tem como efeito a redução da Temperatura

As mudanças de estado físico nas substâncias químicas ocorrem devido ao aumento e a redução da temperatura, porém, no exato momento em que ocorre essa passagem de estado físico a temperatura será constante, pois, toda energia fornecida ao sistema serve para que ele mude seu estado físico e não é dedicada, nesse momento, nenhuma energia para elevar ou reduzir a temperatura, a energia utilizada para levar uma substância a mudança de estado físico é chamada de calor latente.

As passagens de estado físico são fusão, solidificação, vaporização, liquefação, sublimação e ressublimação. Observe o esquema 2, apresentado a seguir que apresenta esses tipos de mudanças de estado físico.

Esquema 2 – Tipos de Mudança de Estado Físico

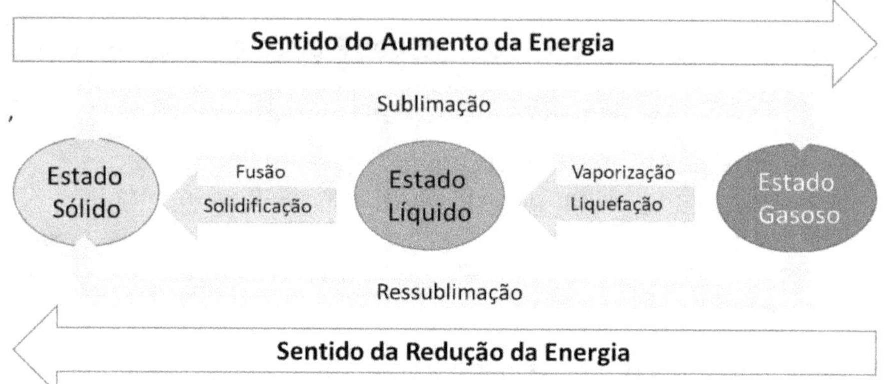

Fonte: Montado pelo autor.

A vaporização, passagem do estado gasoso para o líquido, é um processo especial e pode ocorrer de três maneiras diferentes que serão descritas a seguir:

1. Evaporação – ocorre passagem de líquido para gasoso abaixo da temperatura de ebulição. Este processo ocorre, geralmente, na superfície do líquido pois, nesse caso, apenas as moléculas da superfície, em sua interação com o meio externo recebem energia suficiente para gerar agitação e entropia suficientes para passar para o estado gasoso.
Exemplo: A água dos rios, lagos, oceano, suor, ... em temperaturas inferiores a 100 °C (temperatura de ebulição da água ao nível do mar) formam vapores devido a evaporação. Os vapores formados terão a mesma temperatura que a do ambiente.

2. Ebulição – ocorre passagem de líquido para gasoso na temperatura de ebulição. Lembrando que, a uma determinada pressão, a temperatura de ebulição é a temperatura limite de existência do estado líquido. Acima dela a substância só existirá no estado gasoso.

Exemplo: A água de uma chaleira, sob aquecimento constante, atinge uma temperatura máxima e ferve mantendo a mesma temperatura até que todo o líquido tenha passado para o estado gasoso. Isso é a ebulição. Os vapores formados, no nível do mar, terão 100 °C.

3. Calefação – ocorre passagem de líquido para gasoso em uma temperatura superior a temperatura de ebulição (é uma transformação muito rápida).

Exemplo: Gotas de água a 25°C caem em uma chapa quente a 180°C. Rapidamente há pela água absorção de calor e a passagem para o estado gasoso ocorre de maneira explosiva, energética e barulhenta. Essa é a calefação e os vapores formados por ela terão temperaturas maiores que 100 °C.

O esquema 3, apresentado a seguir, mostra uma linha de temperatura para com os pontos de fusão e ebulição da água e medidos na pressão de 1 atm e as maneiras da vaporização ocorrer a medida que a água é aquecida.

Esquema 3 – Relação Entre a Temperatura e os Tipos de Vaporização da Água

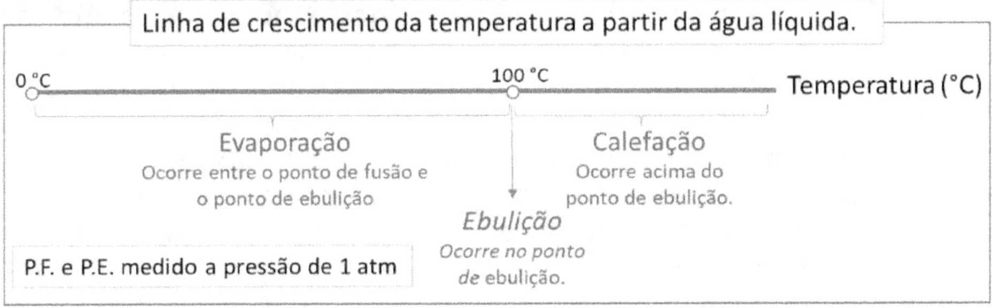

Fonte: Montado pelo autor.

Gás e Vapor

O estado gasoso pode se apresentar de duas formas: gás e vapor. O tipo de forma gasosa depende da temperatura crítica da substância. Esta é a temperatura limite a partir do qual a substância só pode existir no estado gasoso (gás permanente) não importando a qual pressão ela é submetida. Vamos utilizar a água como exemplo. A temperatura crítica da água é de 374 °C, assim, a partir desta temperatura, não importando a pressão que a água é submetida, a água só será encontrada na forma de vapor.

Chamamos de gás todas as substâncias que, nas condições ambiente, já estão no estado gasoso, ou seja, sua temperatura crítica é menor que o da temperatura ambiente. O gás oxigênio, por exemplo, é chamado de gás, pois, nas condições ambientais ele encontra-se naturalmente no estado gasoso. A temperatura crítica do gás oxigênio é − 118,6 °C, sendo assim, nas condições de temperatura e pressão ambientais ela só poderá existir no estado gasoso. Por outro lado, chamamos de vapor as substâncias que são líquidas ou sólidas nas condições ambiente e que, ao absorverem calor, sofrem os processos de vaporização por evaporação como, por exemplo, é o caso da substância água (H_2O), ou sublimação, como, por exemplo, é o que ocorre com as bolinhas de naftalina ($C_{12}H_{10}$). Estas substâncias químicas apresentam uma temperatura crítica maior que a temperatura ambiente.

Como gases e vapores apresentam diferenças com relação as características de sua formação são utilizadas palavras diferentes para designar as passagens de gás para líquido e de vapor para líquido. Para a transformação dos gases em líquidos utiliza-se a expressão liquefação e para passagem de vapor para líquido de condensação. Observe os exemplos a seguir:

Exemplo1 – Liquefação do gás oxigênio

Para a passagem de um gás para o estado líquido é utilizada a expressão liquefação.

$$O_{2(gás)} \xrightarrow{\text{liquefação}} O_{2(líquido)}$$

Dessa forma o ar pode ser liquefeito e dele extraído o oxigênio tão necessário nos hospitais.

Exemplo 2 – Condensação da Água

Para a passagem de estado de vapores para o estado líquido é utilizada a expressão condensação.

$$H_2O_{(vapor)} \xrightarrow{\text{vaporização}} H_2O_{(líquido)}$$

Observação: O estado físico de uma substância é subscrito após sua fórmula, os símbolos (s) para sólido, (l) para líquido e (g) para gasoso. Pode aparecer (aq.) para aquoso, porém, aquoso não é um estado físico e sim uma condição que a substância está submetida que é o de estar dissolvida na água.

A Sublimação e a Ressublimação

Há uma passagem de estado físico que, para muitos, causa espanto: Uma substância passar diretamente do estado sólido para o gasoso. É a sublimação. Todas as substâncias podem sublimar, porém, poucas nas condições ambiente. Essa passagem de estado físico ocorre nas superfícies dos sólidos de forma semelhante a evaporação que ocorre na superfície dos líquidos. A tabela 8, colocada logo abaixo, apresenta quatro das principais substâncias utilizadas em nosso cotidiano que sublimam naturalmente nas condições ambiente.

Tabela 8 – Substâncias que sublimam

Substância	Fórmula	Utilidade
Naftalina	$C_8H_{10(s)}$	A naftalina é uma substância sólida obtida a partir da destilação do petróleo e que é utilizada para espantar traças e insetos.
Gelo-seco	$CO_{2(s)}$	O gelo-seco é uma substância obtida a partir do gás carbônico e que pode ser utilizada para causar efeitos em drinks e shows além de servirem para refrigerar substâncias para sua conservação (P.E. é – 76°C).
Iodo Cristalino	$I_{2(s)}$	O iodo cristalino é um sólido escuro com brilho característico e metálico que ao sublimar forma um vapor de cor violácea e de cheiro irritante.
Cânfora	$C_{10}H_{16}O_{(s)}$	A cânfora é uma substância pastosa, branca e translucida utilizada para fazer unguentos e pomadas utilizados como medicamentos devido a seus vapores que apresentam cheiro característico.

A sublimação é um processo físico de passagem de estado que ocorre com aumento da energia cinética das moléculas seguido de aumento da entropia e dito endotérmico. Há um processo cujas características são totalmente diferentes e que corre em sentido contrário, ou seja, há redução da energia cinética média das partículas com redução da entropia e dito exotérmico. Sendo o oposto não poderá ter o mesmo nome. Assim, esse processo inverso a sublimação é chamada corretamente de ressublimação. Um exemplo da utilização da ressublimação é o da obtenção do gelo-seco. Nesse caso, é necessário, submeter o dióxido de carbono líquido sob alta pressão e liberá-lo em um recipiente de menor pressão. Ao ocorrer essa liberação do dióxido de carbono líquido no recipiente de menor pressão ocorre uma rápida expansão do dióxido de carbono e a passagem do estado líquido para o estado gasoso. Essa expansão retira tanto calor do ambiente que o gás CO_2 formado na expansão passa diretamente para o estado sólido sofrendo a ressublimação e originando o gelo-seco.

O Ciclo da Água

O ciclo natural da água consiste nas passagens de estado que ocorrem com a água na natureza. As principais passagens de estado que ocorrem no ciclo da água são:

1. **Vaporização da água**: esta vaporização relaciona-se diretamente ao processo da evaporação da água que ocorre, principalmente, na superfície do oceano, lagos, rios e córregos. A vaporização ocorre com toda a água líquida que existe na superfície do planeta e é o vapor formado por ela que mantém a umidade do ar e forma as nuvens.

2. **Condensação:** A condensação ocorre com os vapores submetidos a baixas temperaturas, principalmente nas nuvens, originando as chuvas.

3. **Solidificação:** A solidificação da água ocorre quando há baixas temperaturas e a água líquida da chuva acaba originando neve ou granizo.

4. **Fusão:** A fusão da água ocorre no processo de degelo da neve, das geleiras e do granizo.

4.2 Os Gráficos de Temperatura x tempo

Como as substâncias puras apresentam temperatura constante durante a fusão e a ebulição (calores latentes) e as misturas homogêneas não, fica mais simples verificar as diferenças entre uma mistura homogênea e uma substância pura quando é analisado o gráfico da temperatura pelo tempo.

| Exemplo: | Vamos pegar como exemplo a ebulição. Em uma substância pura a ebulição se inicia em uma temperatura e permanece constante até o final do processo, já em uma mistura homogênea a ebulição se inicia em uma temperatura e termina em outra indicando que ocorreu uma variação da temperatura durante a ebulição.

Se a temperatura, na mudança de estado, não se alterar com o passar do tempo teremos, no gráfico, um patamar (degrau) como o mostrado na curva de aquecimento a seguir:

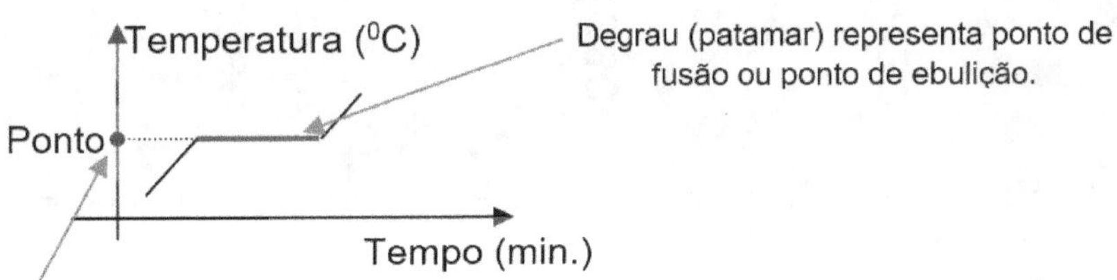

O ponto na linha de temperatura demonstra que há uma constância na temperatura. Esse ponto pode ser de fusão ou de ebulição dependendo do tipo de passagem de estado (sólido para líquido ou líquido para gasoso).

Não importando se é mistura ou substância pura ou se é feito um aquecimento ou resfriamento do sistema material, os gráficos Txt completos são formados por cinco segmentos de reta. Observe o gráfico 1, apresentado a seguir, que representa o aquecimento de uma substância pura.

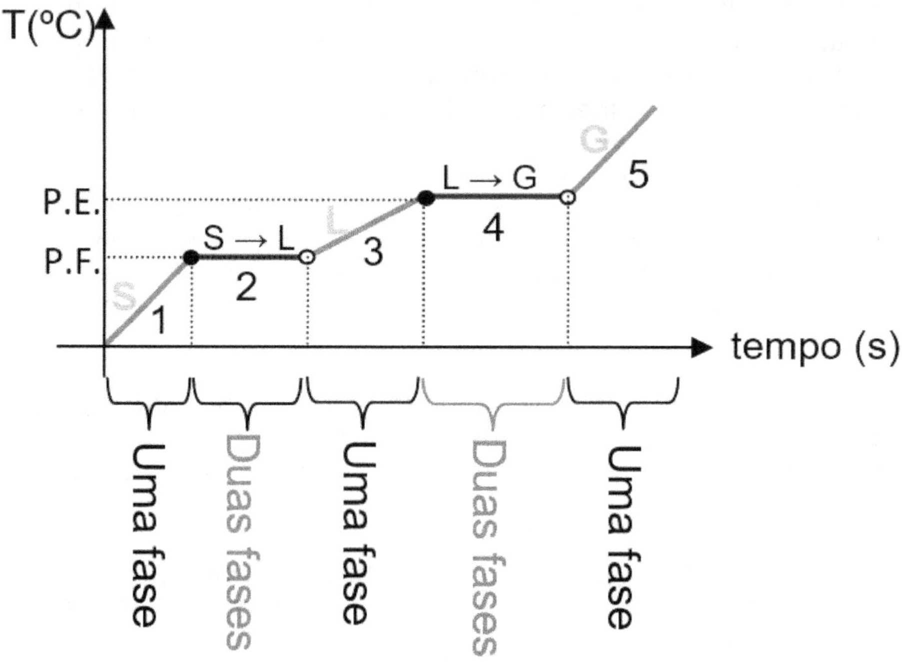

Gráfico 1 – O Número de Fases em Cada Segmento de Reta
Fonte: Elaboração do autor.

No gráfico acima, os segmentos 1, 3 e 5 (segmentos ímpares) que são sempre rampas sejam em gráficos de substâncias puras ou misturas. Eles representam uma só fase dos estados físicos sólido, líquido ou gasoso:

Segmento 1. Fase sólida;
Segmento 3. Fase Líquida;
Segmento 5. Fase Gasosa.

Os segmentos 2 e 4 (segmentos pares) que podem ser degraus (patamares) nas substâncias puras ou rampas nas misturas, representam as mudanças de estado físico, apresentando, portanto, duas fases.

Segmento 2. Sólido → Líquido (duas fases)
Segmento 4. Líquido → Gasoso (duas fases)

Observe os gráficos 2 e 3 de temperatura pelo tempo que representam os fenômenos de mudanças de estado físico por aquecimento em uma substância pura genérica e de uma mistura comum genérica.

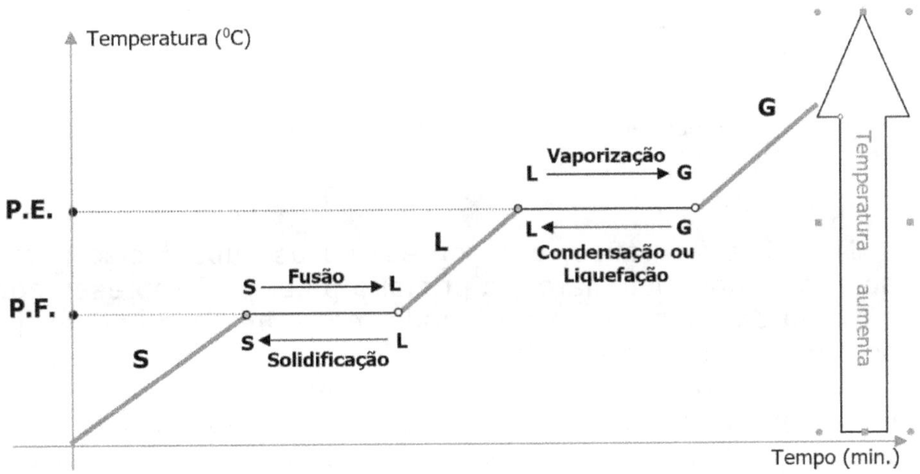

Gráfico 2 – Aquecimento de uma substância pura.
Fonte: Elaboração do autor.

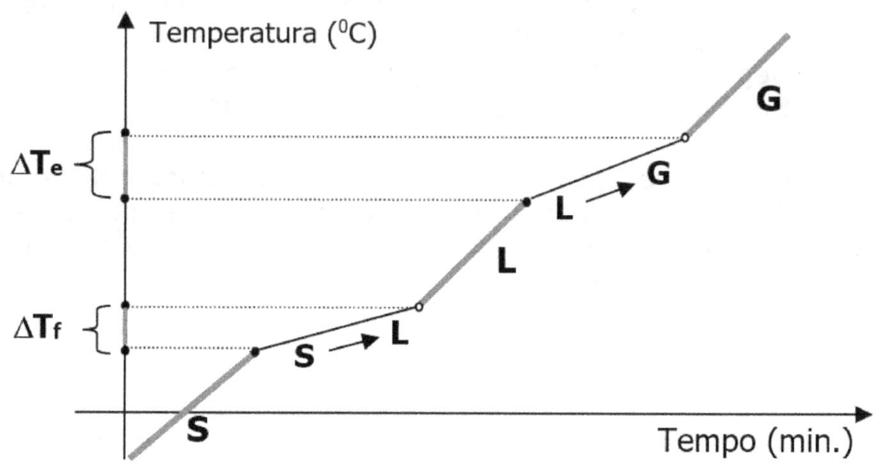

Gráfico 3 – Aquecimento de uma mistura homogênea comum.
Fonte: Elaboração do autor.

No primeiro gráfico, que representa as substâncias puras, aparecem dois patamares, o primeiro patamar é representado, na linha da temperatura (ordenada) como um único ponto que será chamado de ponto de fusão (P.F.). Este ponto representa a temperatura que ocorre o derretimento do sólido. Esta temperatura é constante, ou seja, o tempo passa, mas enquanto o sólido derrete a temperatura não se altera, somente quando todo o sólido derreter a temperatura poderá se alterar. Nesse caso toda a energia absorvida pelo sólido é utilizada para a mudança de estado não ocorrendo aumento da temperatura da substância[13]. Já o segundo patamar representa na ordenada um único ponto que é chamado de ponto de

---

[13] Na Física é estudado na termologia e essa energia absorvida é chamada de calor latente (Q_L).

ebulição (P.E.) que, cotidianamente, é a temperatura em que o líquido ferve. Esta temperatura é constante para substâncias puras, ou seja, enquanto o tempo passa e o líquido entra em ebulição, a temperatura não se altera e só sofrerá alteração quando todo o líquido terminar de ferver. Nesse caso, como no da fusão, toda energia absorvida pela substância será utilizada para fazê-la mudar de estado Físico não ocorrendo aumento da temperatura. Assim, para as substâncias puras as temperaturas não se alteram durante os processos de mudança de fase. Nas retas ascendentes encontramos as temperaturas em que a substância está em um dos três estados físicos[14].

No gráfico das misturas comuns não temos patamares porque a fusão e a ebulição não ocorrem em temperaturas constantes, ou seja, o derretimento e a ebulição se iniciam em uma temperatura e terminam em outra. Desta maneira, podemos dizer que as misturas não têm pontos de fusão nem de ebulição, pois apresentam variações de temperatura durante os processos de fusão e de ebulição ($\triangle T_e$ e $\triangle T_f$).

---

[14] Estes estados aparecem no gráfico com as iniciais S para sólido, L para líquido e G para gasoso.

4.2 Misturas Especiais

1. O Álcool Etílico e as Misturas Azeotrópicas

O álcool etílico (etanol) e a água são solúveis, um no outro, em qualquer proporção, um exemplo são as bebidas alcoólicas. Elas são misturas que apresentam álcool em diferentes proporções e água. Observe a tabela 8, apresentada a seguir, a seguir:

Tabela 8 – Bebidas Alcoólicas e Seu Teor Percentual de Álcool

Bebida	Teor Percentual de Álcool	Bebida	Teor Percentual de Álcool
Cerveja	4,5 %	Cachaça	40 %
Vinho	11 %	Uísque	40 %
Vodka	39 %	Absinto	65 %

Observe que as bebidas destiladas (Vodka, cachaça, uísque, araque, ...) apresentam maior teor alcoólico. Isto ocorre devido a, nessas bebidas, ser utilizado o processo físico da destilação fracionada[15] que, dependendo do nível de rapidez que ocorre, pode geral um produto com maior ou menor quantidade de etanol (álcool etílico).

Ao fazer o processo de destilação fracionada o máximo teor de álcool que poderemos alcançar é de 96 % álcool e 4 % de água. Esta mistura é conhecida como álcool de farmácia.

A mistura que apresenta 96 % de álcool etílico e 4 % de água é atípica, pois se comporta durante a ebulição como se fosse uma substância pura, ou seja, apresenta uma temperatura constante de

---

[15] Este processo será visto com maior propriedade logo a seguir na unidade 5 deste livro que é referente as separações de misturas.

mudança do estado líquido para o estado gasoso apresentando um ponto de ebulição.

Misturas como a do etanol (96%) e água (4%), que apresentam temperatura de ebulição constante, são chamadas de **misturas azeotrópicas**. Observe no gráfico 4, apresentado a seguir, o comportamento de uma mistura azeotrópica quando aquecida.

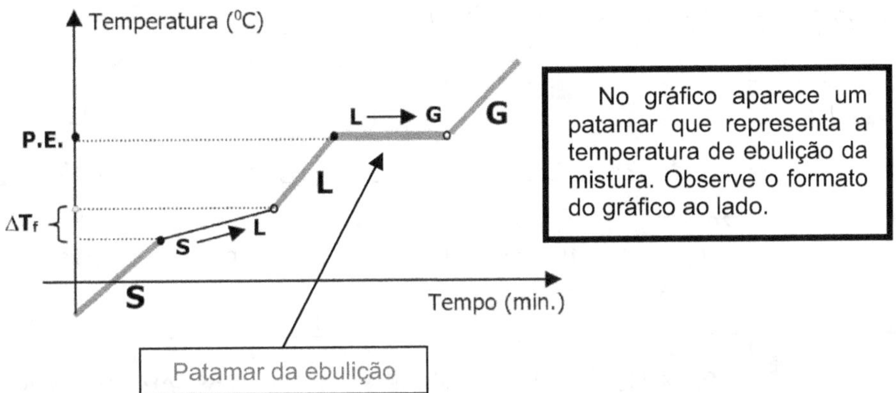

Gráfico 4 – O Ponto de Ebulição no gráfico das Misturas Azeotrópica.
Fonte: Elaboração do autor.

2. As Ligas Metálicas e as Misturas Eutéticas

As ligas metálicas são misturas muito importantes por melhorar as propriedades dos metais de acordo com a necessidade de uso. A tabela a seguir apresenta algumas ligas metálicas que utilizamos em nosso cotidiano:

Tabela 7 – Tipos de Ligas Metálicas

Liga Metálica	Composição (teor percentual dos metais constituintes)	Liga Metálica	Composição (teor percentual dos metais constituintes)
Aço Inox	70% Fe, 18,8% Cr, 9% Ni, 1% Cu, 1% Mo e 0,2 % de C	Ouro de Cunhagem	90 % Au e 10 % Cu
Bronze	90 % Cu e 10 % Sn	Ouro 18 quilates	75% Au, 12,5 % Ag e 12,5 % Cu
Latão	67 % Cu e 33 % Zn	Solda	67% Pb e 33% Sn

A solda de estanho é uma liga metálica de chumbo e estanho utilizada para unir peças metálicas e fixar os componentes eletrônicos nas placas. Apesar do chumbo e do estanho apresentarem pontos de fusão diferentes, uma mistura na proporção de 67 % de chumbo e 33 % de estanho, derrete ao mesmo tempo, ou seja, apresenta ponto de fusão.

Misturas que apresentam ponto de fusão constante, como a solda de estanho, são chamadas de **misturas eutéticas**. Observe o comportamento de uma mistura eutética quando aquecida no gráfico 5 apresentado a seguir:

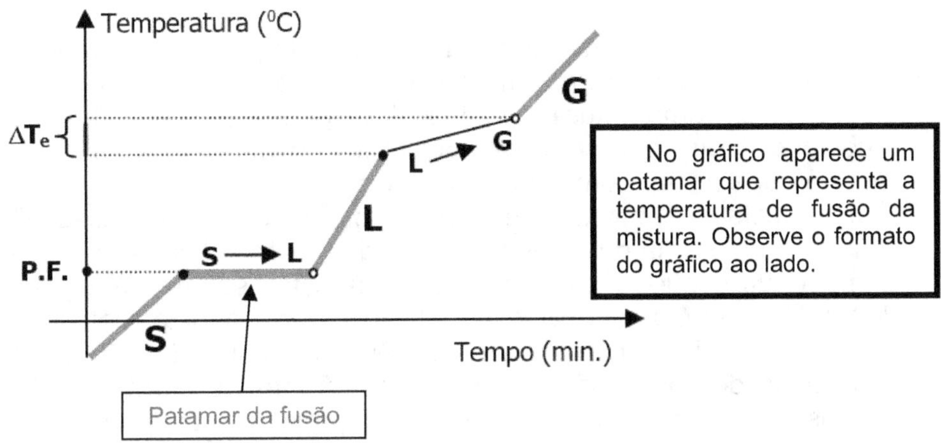

Gráfico 5 – Aquecimento de uma mistura homogênea eutética.
Fonte: Elaboração do autor.

RESUMO

A tabela a seguir apresenta uma relação entre o número de patamares do gráfico e o tipo de sistema material.

Número de Patamares do Gráfico	Sistema Material	Exemplo
0	Mistura Homogênea	Vinho filtrado
1	Mistura Homogênea Eutética ou Azeotrópica	Álcool de Farmácia ou Liga Pb-Sn
2	Substância Pura	Água

A tabela a seguir apresenta uma relação entre a substância pura e os tipos de misturas com relação aos pontos de fusão e de ebulição:

Sistema Material	Ponto de Fusão e Ebulição	Exemplo
Mistura Homogênea Comum	Não apresenta	Vinho filtrado
Mistura Eutética	Tem ponto de fusão	Liga Pb-Sn
Mistura Azeotrópica	Tem ponto de ebulição	Álcool de Farmácia
Substância Pura	Tem pontos de fusão e ebulição	Água

4.3 Os Diagramas de Fases

Os diagramas de fases são gráficos de pressão e temperatura (P x T) para substâncias puras e que avaliam para cada ponto de pressão e temperatura [pontos (P,T)] os estados físicos da substância, ou seja, se você souber a que pressão e temperatura está a substância, com o auxílio do diagrama de fases você saberá em que estado físico ela se encontra e quantas fases há nesse ponto. Assim, o diagrama de fases fornece todas as relações de pressões e temperaturas que a substância poderá estar submetida e, com a leitura do ponto, e qual seu estado físico estará naquelas condições.

Esse diagrama consiste em três curvas que são os limites de existência de cada estado físico. Essas fronteiras entre os estados físicos fornecem todas as condições de pressão e temperatura onde ocorrem as mudanças de estado. As três curvas são:

1. Curva de fusão/solidificação – fornece todos os pontos (P,T) onde há equilíbrio entre os estados sólido e líquido. Nesses pontos os estados físicos coexistem e se não houver absorção ou liberação do calor latente não há mudança de estado físico, porém, se ocorrer a absorção do calor latente há a fusão do sólido que passará para o estado líquido, por outro lado, se ocorrer a liberação do calor latente, haverá a solidificação do líquido que passará para o estado sólido.

2. Curva de vaporização/liquefação – fornece todos os pontos (P,T) onde há equilíbrio entre os estados físicos líquido e gasoso. Como no caso anterior se não ocorrer liberação ou absorção do calor latente não ocorrerá a mudança de estado físico e o estado líquido coexistirá com o gasoso, porém, se ocorrer a absorção do calor latente há a ebulição do líquido que passará para o estado gasoso, por outro lado, se ocorrer a liberação do calor latente, há a

liquefação ou condensação do estado gasoso que passará para o estado líquido.

3. Curva de sublimação/ressublimação – fornece todos os pontos (P,T) onde há equilíbrio entre os estados físicos sólido e gasoso. Semelhante aos casos anteriores se não ocorrer liberação ou absorção do calor latente não ocorrerá a mudança de estado físico e o estado sólido coexistirá com o gasoso, porém, se ocorrer a absorção do calor latente há a sublimação do sólido que passará para o estado gasoso, por outro lado, se ocorrer a liberação do calor latente, há a ressublimação do estado gasoso que passará para o estado sólido.

As três curvas que formam o diagrama de fases confluem para um único ponto chamado de ponto triplo, nesse ponto, as condições de temperatura e pressão mantêm em equilíbrio os três estados físicos da matéria, ou seja, se não ocorrer absorção ou liberação de energia térmica os três estados físicos coexistirão sem sofrerem mudanças de estado.

Para exemplificar e compreender melhor a estrutura e leitura do diagrama de fases, a seguir estão dois importantes diagramas de fases, primeiramente veremos o da mais importante substância para a existência da vida: a água e posteriormente o de uma substância produzida por nós durante o processo respiratório: o dióxido de carbono (CO_2).

A seguir está representado no diagrama 1, as condições de temperatura e pressão para a existência dos estados físicos bem como para suas mudanças de estado da água.

Diagrama 1 – Condições de P e T e os Estados Físicos da Água

Diagrama de fases da água

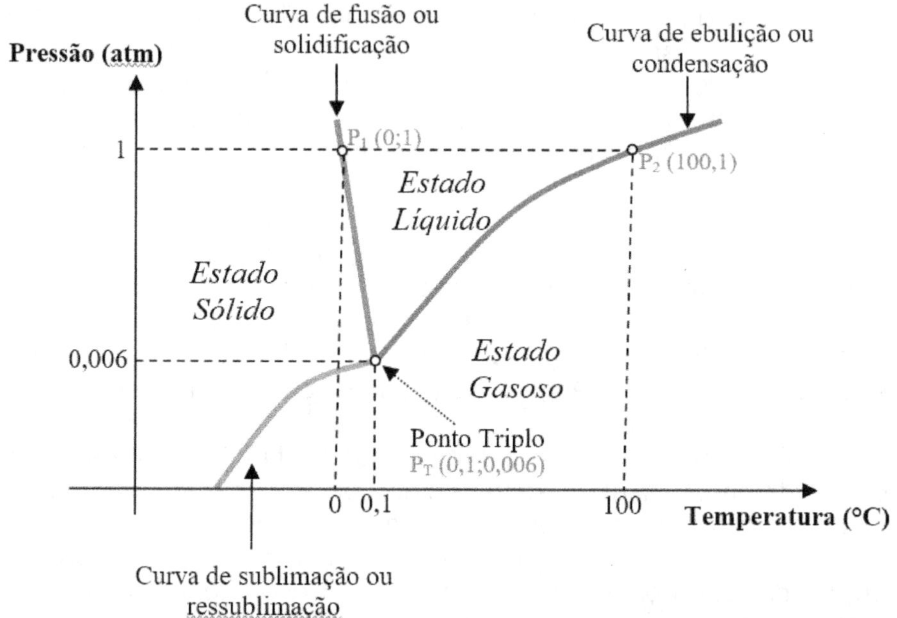

Fontes: Adaptado de almanaque do IPEM (instituto de pesquisa metrológicas) https://ipemsp.wordpress.com/2019/10/07/medindo-temperatura-o-kelvin/ e (5) https://www.lume.ufrgs.br/bitstream/handle/10183/165404/001045429.pdf?sequence=1

No diagrama de fases da água apresentado logo acima, as três curvas (fusão / solidificação; vaporização / liquefação e sublimação / ressublimação) representam os infinitos pontos cujas pressões e temperaturas mantêm duas fases em equilíbrio. São essas três curvas que criam as fronteiras para três grandes regiões do diagrama e cujas áreas apresentam infinitos pontos e em cada um desses há

 Sistemas Materiais em Foco

uma única fase (sólida, líquida ou gasosa), assim, há áreas em que a água está no estado físico sólido, líquido ou gasoso (observe novamente no diagrama). Há também o ponto triplo que, para a água, é o ponto cuja temperatura é 0,1 °C e a pressão é 0,006 atm [ponto (0,1;0,006)] e, nele, há três fases em equilíbrio, ou seja, coexistem nessa específica condição de pressão e temperatura os estados sólido, líquido e gasoso. Assim, o diagrama consiste em uma área com infinitos pontos que fornecem pressões e temperaturas, estados físicos e o número de fases que há em cada um desses pontos. A tabela 9 a seguir resume a relação do diagrama com as fases e os estados físicos.

Tabela 9 – As fases e estados no diagrama de fases

Sistema	Fases	Estados Físicos presentes
Ponto triplo	3	Sólido, líquido e gasoso
Curva de fusão/solidificação	2	Sólido e líquido
Curva de vaporização/condensação	2	Líquido e gasoso
Curva de sublimação/ressublimação	2	Sólido e gasoso
Área do estado sólido	1	Sólido
Área do estado líquido	1	Líquido
Área do estado gasoso	1	Gasoso

Uma pressão muito importante de ser avaliada é a pressão de 1 atm (uma atmosfera) que é a pressão[16] que a atmosfera exerce sobre os corpos no nível do mar. No diagrama da água foram apresentados dois importantes pontos de pressão e temperatura, ponto P_1 cuja temperatura é de 0°C e a pressão de 1 atm [P_1 (0, 1)] e o ponto P_2 cuja temperatura é de 100 °C e a pressão de 1 atm [P_2 (100,1)]. Na abcissa (eixo x) o primeiro ponto representa o ponto de fusão da água na pressão de 1 atm e o segundo o ponto de ebulição da água na pressão de 1 atm.

---

[16] A pressão é o resultado de uma força aplicada em uma certa área. No caso, a pressão atmosférica é a razão (divisão entre) do resultado da ação da força decorrente da massa de ar que está sobre o objeto e sua área.

Uma peculiaridade do diagrama de fases da água em relação ao de outras substâncias é o fato da inclinação da curva de fusão/solidificação (vermelha) ter inclinação para esquerda. Fato que justifica e explica o comportamento anômalo da água como, por exemplo, o fato do gelo ser menos denso que a água líquida.

O diagrama 2, apresentado a seguir, mostra alguns pontos [entenda-se esses pontos como relações entre temperatura e pressão - (temperatura; pressão)] para que possamos avaliar o número de fases e os estados físicos nessas fases.

Diagrama 2 – Pontos P_1, P_2 e P_3 no Diagrama de Fases da Água

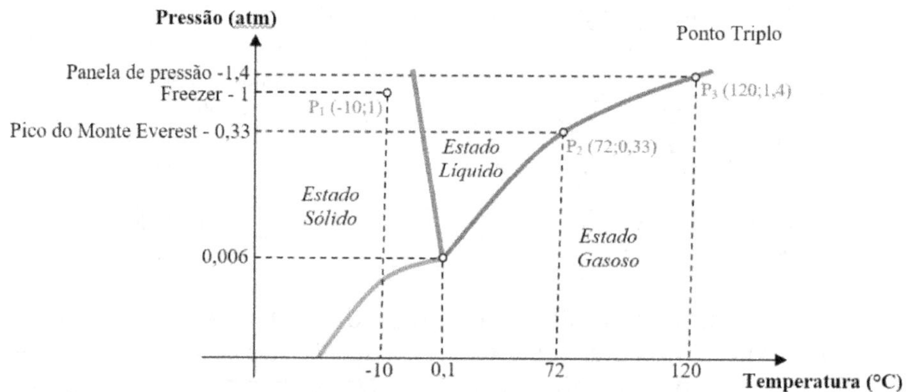

Análise dos pontos P_1, P_2 e P_3

O ponto P_1, dentro da área do estado sólido, apresenta uma só fase, a sólida. Observe que no ponto P_1 temos a pressão ambiente e a temperatura que a água está submetida em um freezer de boa qualidade (-10°C), e realmente, a água na pressão ambiental a – 10°C estará, dentro do freezer no estado sólido.

O ponto P_2, está sobre a curva de vaporização/condensação, apresentará duas fases em equilíbrio, uma fase líquida e outra gasosa. Assim, se ocorrer absorção do calor latente de fusão, ocorrerá a ebulição da água, portanto, nesse caso, a temperatura de 72 °C será a de ebulição da água naquela pressão (0,33 atm). Observe que o ponto P_2 utiliza a pressão e a temperatura de ebulição da água no pico do monte Everest, logo, a água no pico do Everest ferverá em uma temperatura de 72 °C, temperatura insuficiente para desnaturar as proteínas e cozinhar um ovo.

O ponto P3, também está sobre a curva de vaporização/condensação, apresentará duas fases em equilíbrio, uma fase líquida e outra gasosa. Assim, se ocorrer absorção do calor latente de fusão, ocorrerá a ebulição da água, logo, a temperatura de ebulição da água na pressão de 1,4 atm será de 120 °C. Observe que o ponto P_3 relaciona a pressão e a temperatura de uma panela de pressão, assim, na panela de pressão, em que a pressão interna é 1,4 atm, a água ferverá a 120 °C e, por isso, cozinhará mais rapidamente os alimentos economizando energia.

Agora vamos observar o diagrama 3 que reapresenta o diagrama de fases do dióxido de carbono (CO_2).

Diagrama 3 – Condições de P e T e os Estados Físicos do Dióxido de Carbono

Diagrama de fases do dióxido de carbono

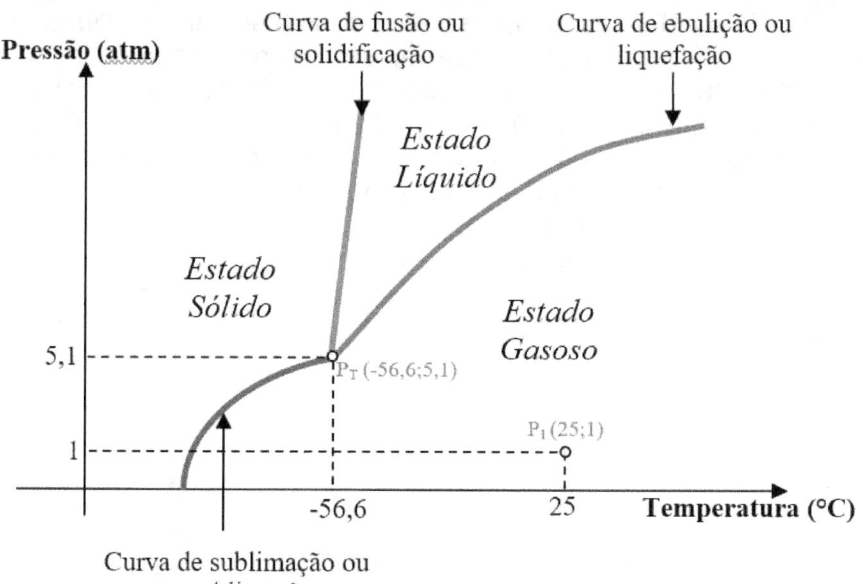

Fonte: Adaptado de https://www.researchgate.net/figure/Figura-32-Diagrama-de-fase-del-Dioxido-de-carbono-CO-2-19_fig3_265842284

No diagrama de fases do dióxido de carbono quando, comparado com o da água, chama a atenção uma diferença, a declividade da curva de fusão/solidificação (curva vermelha), no diagrama do dióxido de carbono a inclinação é para direita, como em praticamente todas as substâncias químicas, porém, no da água esta inclinação é para a esquerda. Mas qual é a implicação dessa diferença? Bem, isso indica que, com aumento da pressão, o dióxido de carbono sofrerá aumento de sua temperatura fusão, do contrário, a água, ao sofrer aumento de pressão terá sua temperatura de fusão reduzida. Para compreender melhor observe o comparativo feito nos diagramas 4 apresentados a seguir.

Diagramas 4 – Curvas de Fusão/Solidificação para Água e para o Dióxido de Carbono.

Gráfico de Curva de Fusão Para Água

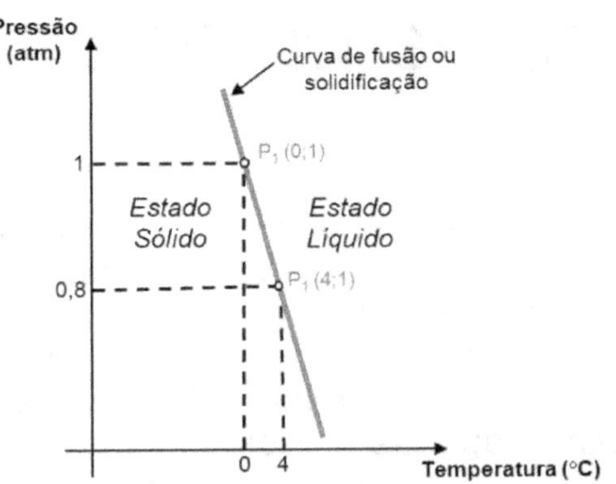

Gráfico de Curva de Fusão Para o Dióxido de Carbono

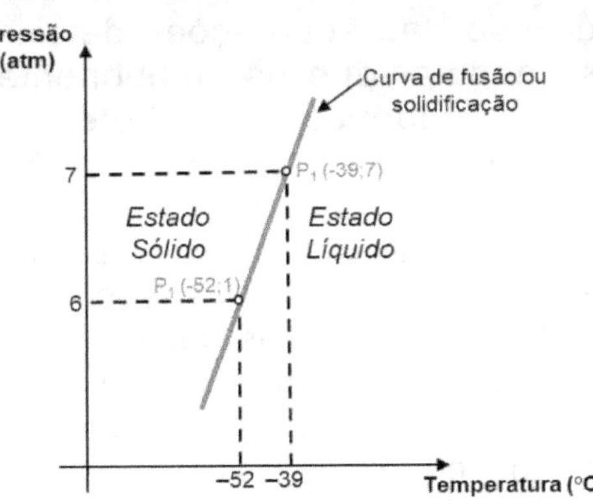

Análise Comparativa

Na água, quando a pressão aumenta de 0,8 para 1 atm a temperatura de fusão da água passa de, aproximadamente, 4 °C para 0 °C, ou seja, diminuem. Isso explica o fato dos picos das montanhas muito altas, onde a pressão é menor, se encontrarem sempre nevados. Neles, mesmo em temperaturas maiores que 0°C, a água se encontrará, naturalmente no estado sólido. Por outro lado, no caso do dióxido de carbono e do de praticamente todas as outras substâncias, quando a pressão passa de 6 para 7 atm as temperaturas de fusão passam de, aproximadamente, – 52 °C para – 39 °C, ou seja, a temperatura de fusão aumenta.

 Sistemas Materiais em Foco

Unidade 5 — Métodos de Separação de Misturas

O uso do sal de cozinha demostra a importância da obtenção desse produto. Sua extração se faz a partir da água dos oceanos. A água oceânica filtrada é uma mistura homogênea de várias substâncias cuja mais abundante é o cloreto de sódio. Nas salineiras, utilizando-se da energia solar, a água é evaporada restando apenas os componentes sólidos. Estes após tratados, clareados e a mistura resultante adicionadas outras substâncias como o iodeto de potássio (KI), são embalados e vendidos como sal de cozinha iodado. Este é um exemplo cotidiano do uso das separações de misturas. Bem, visto isso, podemos imaginar que os componentes das misturas de substâncias, homogêneas ou heterogêneas, podem ser separadas. Na Química, essas separações dos componentes das misturas é um processo laboratorial e industrial que apresenta muitos métodos que dependem do tipo de mistura que temos. Nesses métodos são utilizadas apenas as propriedades físicas das misturas como, densidade, aparência, granulação, temperaturas de fusão, temperatura de ebulição, solubilidade em água, ... Esses métodos utilizados para realizar a separação dos componentes de uma mistura são chamados de análise imediata.

Como os processos de análise imediata envolvem apenas as propriedades físicas das misturas neles não há nenhumas reações químicas.

Existem muitos métodos de separação de misturas, mas, para escolhermos o método certo é necessário saber duas coisas sobre nossa mistura que são:

1° Saber se a mistura é homogênea ou heterogênea;

2° Saber qual é o estado físico das substâncias antes de elas serem misturadas.

Em posse dessas informações sobre a mistura e seus componentes fica mais fácil escolher o método adequado para realizar a separação.

5.1 Separação das Misturas Heterogêneas

Como sabemos as misturas heterogêneas apresentam duas ou mais fases, ou seja, o aspecto não é uniforme. Essas fases são geralmente identificadas pela aparência. Um exemplo: água e óleo de soja. O óleo de soja amarelo fica na parte superior da mistura (sobrenadante) e a água, que mais densa e transparente, fica na parte inferior. Como há muitas possibilidades de ao misturar substâncias se obter misturas heterogêneas há, portanto, muitos métodos diferentes de separação. Assim, para escolher o método mais adequado é necessário saber o estado físico dos componentes da mistura. Utilizando esse critério, misturas heterogêneas podem ser divididas em quatro grupos:

1. Mistura heterogênea de sólidos
(as fases são sólidas – Ex.: grãos de feijão com grãos de milho).
2. Mistura heterogênea de líquidos
(as fases são líquidas – Ex.: água e óleo).
3. Mistura heterogênea de sólidos com líquidos
(apresenta fases sólidas e líquidas – Ex.: areia e água).
4. Mistura heterogênea de sólidos com gases
(apresenta fases sólidas e gasosas – Ex.: ar com poeira).

Baseado nesse conhecimento foram estruturados diagramas que serão apresentados a seguir e fornecem os métodos da separação de misturas heterogêneas bem como as propriedades físicas que os fundamenta. Leia o diagrama atentamente e observe a seguir como é feita a leitura da "casinha" do método.

Obs.: A apresentação do diagrama tem na mesma ¨casinha¨ o método e a propriedade física que fundamenta o uso deste método.

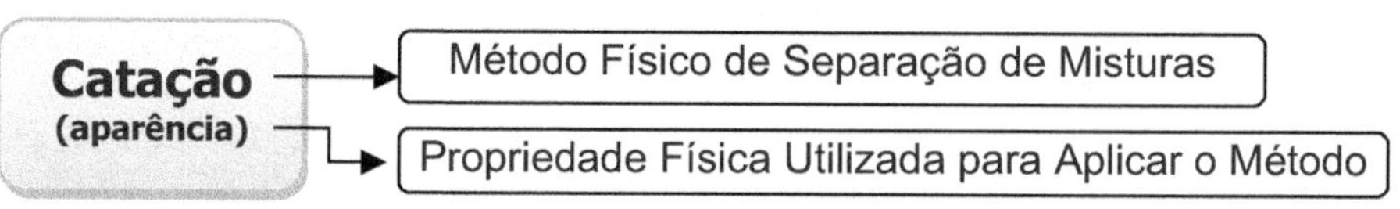

Diagrama 1 – Separação de Misturas Heterogêneas de Sólidos (parte 1).

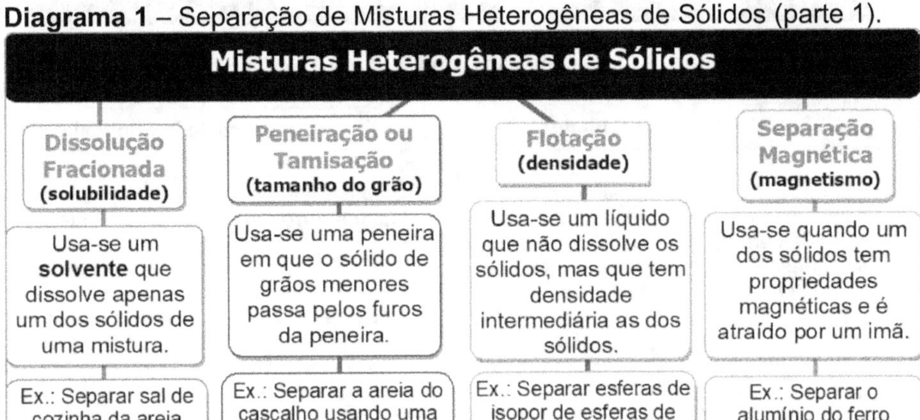

Diagrama 2 – Separação de Misturas Heterogêneas de Sólidos (parte 2).

Diagrama 3 – Separação de Misturas Heterogêneas de Líquidos, Sólidos de Líquidos e Sólidos de Gasosos.

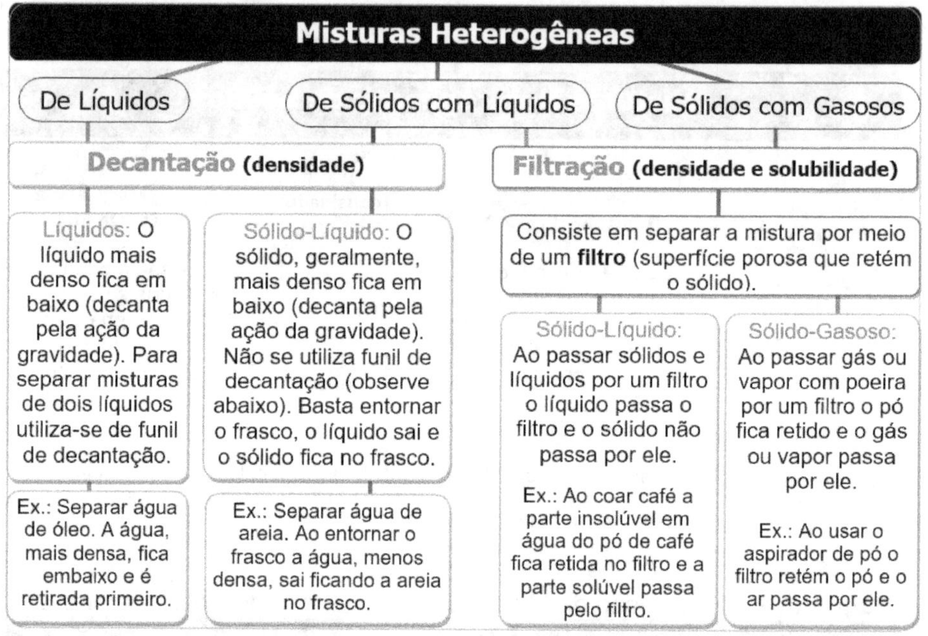

Observe que a decantação serve tanto para separar os componentes de misturas heterogêneas de líquidos quanto a de sólidos com líquidos. Já a filtração, pode ser recomendada para separar componentes das misturas heterogêneas de sólidos com líquidos e de sólidos com gasosos.

A separação por decantação de líquidos e a filtração de sólidos e líquidos são processos muito importantes e, por isso, veremos mais alguns detalhes deles a seguir.

5.1.1 Filtração de líquidos com sólidos imiscíveis (mistura heterogênea)

A filtração de líquidos contendo sólidos insolúveis é um processo de separação muito importante e de grande utilidade. A água potável, por exemplo, passa por processos de filtração antes do consumo. Seja por processos naturais, caso das águas minerais, ou com a utilização de filtros de areia e de carvão ativo, nas águas tratadas por empresas de saneamento.

A figura 1-5, apresentada a seguir mostra um equipamento de filtração comum utilizado no laboratório.

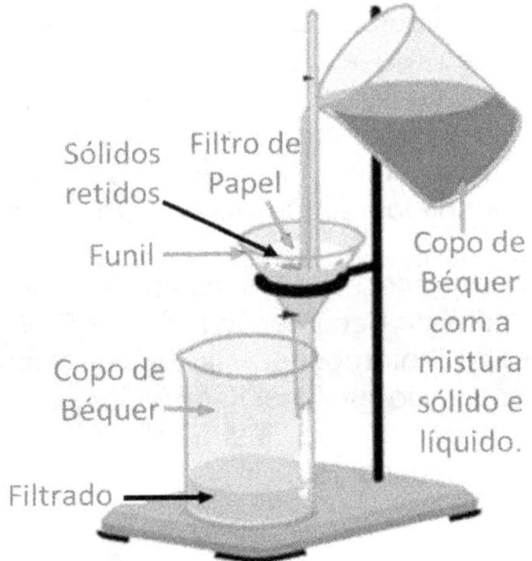

Figura 1-5 – Filtração para separar sólido de líquido
Fonte: Elaborado pelo autor.

5.1.2 Decantação de líquidos imiscíveis (mistura heterogênea)

A decantação é um processo que decorre da existência de duas propriedades materiais comuns: a miscibilidade e a densidade. Se há dois líquidos imiscíveis em um mesmo recipiente haverá mistura heterogênea com duas fases e, naturalmente, o líquido mais denso se situará na parte inferior. Separar esses líquidos utilizando-se dessas propriedades, separação por decantação, exige o uso de um recipiente que apresente um sistema de escape. Este pode ser obtido instalando uma torneira no fundo. Um exemplo é o da separação do petróleo da água salgada. Quando há extração do petróleo junto com ele vem água salgada e sólidos (pedaços de rocha, argila, ...). Primeiramente há a filtração da mistura para a extração dos sólidos maiores e, posteriormente, os líquidos são encaminhados para um tamborl de desalgação onde o petóleo e a água salgada emulsionada passam por um campo elétrico muito potente fazendo com que as gotas de água salgada aumentem e ela decante proporcionando sua saída do tambor por um sistema de escape instalado em seu fundo. Por cima do tambor o petróleo isendo da água salgada e dos sólidos segue para o processo de separação seguinte.

No laboratório podemos fazer o processo de decantação óleo de soja e água. Para isso utilizaremos um funil de decantação (figura 2-5). Nele a água, líquido mais denso da mistura heterogênea, ficará embaixo e poderá ser facilmente extraído pelo escape do funil instalado em sua base. Observe a figura 2-5 apresentada a seguir e que ilustra um tradicional equipamento de laboratório utilizado para decantação.

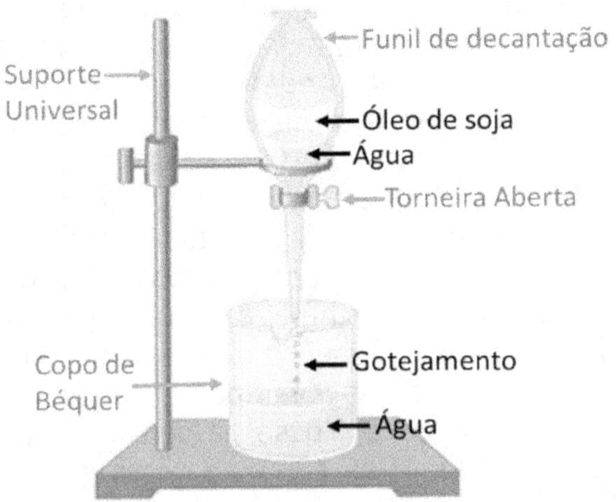

Figura 2-5 – Decantação de Líquidos
Fonte: Elaborado pelo autor.

5.1.3 Leituras Importantes

Café Passado e Café Mateiro

Como vimos no diagrama 3, a decantação compete ou complementa a filtração nas separações de misturas heterogêneas de sólido-líquido, ou seja, poderemos utilizar uma ou outra. A vantagem da decantação é o custo, é só entornar o frasco, porém, não conseguimos separar 100% das fases. Por outro lado, a filtração permite uma separação muito melhor, mas tem um pequeno custo: o valor do filtro que, muitas vezes, após a filtração é descartado. Um exemplo característico é o café passado por um filtro ou decantado na chaleira. O café passado que tomaremos, chamado de filtrado, é isento de grãos de pó de café, por outro lado o café mateiro (de acampamentos) estará sujeito a pequenos grãos de pó de café. Tosse na certa. A figura 3-5, a seguir, apresenta o sistema de filtração do café em pó.

Figura 3-5 – Café passado
Fonte: https://www.mexidodeideias.com.br/receitas/infografico-do-cafe-4-manual-do-cafe-coado/

Filtração Com Filtro de Carvão Ativo

Essa filtração é muito utilizada para eliminar pequenos sólidos, líquidos e gases finamente emulsionados na água e praticamente invisíveis a olho nú. O carvão ativo, utilizado como filtro, é formado por carbono grafite com grande porosidade. Os poros retém estas substâncias indesejadas tornando a água potável.

A figura 4-5, a seguir, apresenta um filtro de carvão ativado muito utilizado nas residências para a melhor putificação da água.

Figura 4-5 – Filtro de carvão ativado
Fonte: https://produto.mercadolivre.com.br/

Erva-Mate e Chás

A erva-mate (ilex paraguaiensis), bem como os diversos chás vendidos em saquinhos são bebidas previamente filtradas. No caso do chimarrão e do tererê, preparadas com erva-mate, a bomba, equipamento utilizado para tomar a bebida, contém em uma das pontas um filtro para não deixar passar sólidos maiores e, também há, filtros especiais que são adaptados a essa bomba que não permitem a passagem de sólidos insolúveis em água e que fazem parte da mistura heterogênea. Observe a figura 5-5, apresentada a seguir, de uma bomba para tomar chimarrão ou tererê.

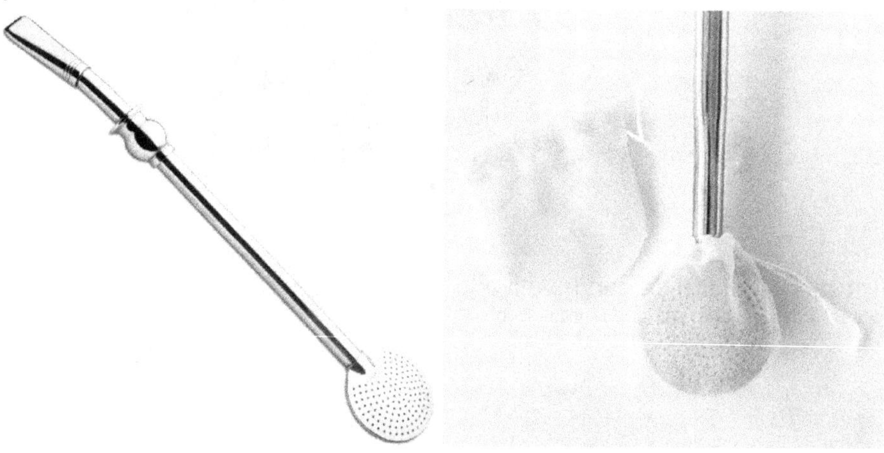

Figura 5-5 – Bomba de chimarrã e os filtros
Fonte: https://www.amazon.com.br/Bomba-Chimarr%C3%A3o-Terer%C3%AA-Mate-Inteira/dp/B07D1BJKDZ

Os chás como camomila, erva doce, capim cidreira, de flores e frutos, ... são vendidos em sachets (saquinhos) e os chás vêm embalados dentro do próprio filtro, assim, ao colocar a água quente e balançar o sachet na água forma-se um filtrado que pode ser bebido, o papel do sachet não deixa os sólidos insolúveis do chá passam por ele. A figura 6-5, apresentada a seguir, mostra "sachets filtros" contendo chás.

Figura 6-5 – Saquinhos de chá.
Fonte: https://www.condominiosverdes.com.br/dicas-para-reaproveitar-os-saquinhos-de-cha/

5.1.4 Centrifugação e Filtração a Vácuo

Os processos de separação por decantação e filtração podem, muitas vezes serem lentos e para certos procedimentos é necessário acelerá-los. Assim há dois processos que são utilizados para acelerar a decantação e a filtração que são, respectivamente, a centrifugação e a filtração a vácuo. Vamos começar pelo processo de centrifugação apresentado no diagrama a seguir.

Diagrama 4 - Centrifugação

Centrifugação (densidade)

Método utilizado para acelerar a decantação que se utiliza dos princípios físicos do movimento circular. Ao girar rapidamente a mistura o material mais denso vai para o fundo do frasco.

Exemplo: Separar o coágulo da parte aquosa do sangue. O sangue parece homogêneo, porém ao centrifugá-lo, o coágulo, mais denso, fica no fundo.

A figura 7-5, a seguir apresenta uma centrífuga manual para quatro tubos de ensaio. Ao girar a manivela os tubos giram e realizam o processo de centrifugação.

Figura 7-5 – Centrífuga manual
Fonte: https://www.analiticaweb.com.br/

Centrifugação do sangue

O sangue um líquido que corresponde a um tecido vivo que circula permanentemente pelos corpos de organismos vertebrados vivos e é o responsável por levar oxigênio e nutrientes para todas as células deste organismo. Em sua composição estão o plasma, parte líquida de cor levemente amarelada formado por água, proteínas e sais, as hemácias, que são os glóbulos vermelhos (eritrócitos) responsáveis pelo transporte de oxigênio, os leucócitos, que são os glóbulos brancos responsáveis pela defesa do organismo, e as plaquetas responsáveis pela formação dos coágulos (cicatrização) sendo muito importante para preservação do organismo.

O sangue parece ser homogêneo, porém, ao centrifugá-lo podem aparecer três fases. Observe as figuras 8-5 e 9-5, apresentadas a seguir que representam a centrifugação do sangue com o uso de anticoagulante e sem o uso de anticoagulante[17].

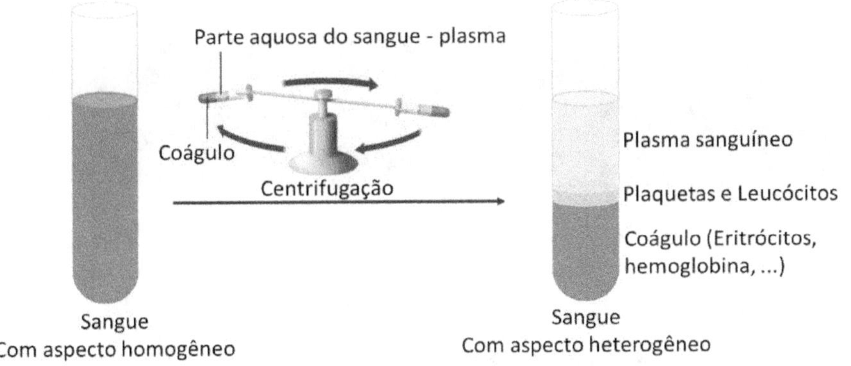

Figura 8-5 – Centrifugação do Sangre com o Uso de Anticoagulante
Fonte: Desenho elaborado pelo autor.

[17] Anticoagulantes são substâncias químicas que evitam a formação de coágulos no sangue. O mais utilizado em exames de sangue é o EDTA 2K (ácido etileno diamino tetracético dipotássico) devido ao fato de deformar menos as células e preservar melhor sua integridade química.

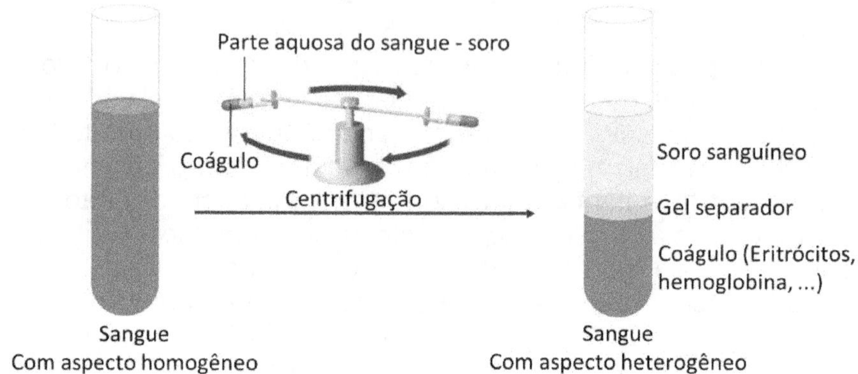

Figura 9-5 – Centrifugação do Sangre sem o Uso de Anticoagulante
Fonte: Desenho elaborado pelo autor.

Observe que se usarmos o anticoagulante não há ação das plaquetas e a fase central será formada por um gel formado pela ação do anticoagulante (EDTA 2K) nas plaquetas.

Agora vamos dar uma olhada em como acelerar o processo de filtração já que é muito utilizado em nível industrial e nas pesquisas científica. Observe o diagrama 5.

Diagrama 5 – Filtração a vácuo

> **Filtração a vácuo**
> **(solubilidade)**
>
> Usa-se para acelerar a filtração. Esse método usa uma bomba de vácuo que torna a pressão interna do recipiente menor que a pressão externa fazendo o líquido passar mais rápido pelo filtro. A filtração a vácuo pode ser utilizada sempre que a filtração comum ficar muito lente. Um uso industrial da indústria alimentícia poderá ser o de separar o suco de abacaxi de suas fibras

A figura 10-5, apresentada a seguir, mostra o equipamento laboratorial utilizado para realizar uma filtração a vácuo.

Fonte: www.ebah.com.br em 15/01/2016

Figura 10-5 – Equipamento Necessário para Filtração a Vácuo

5.2 Separação das Misturas Homogêneas

Misturas homogêneas apresentam duas ou mais substâncias juntas, mas que apresentam apenas uma única fase, ou seja, são unifásicas ou monofásicas, tem aspecto uniforme e suas propriedades físicas e químicas são idênticas em qualquer ponto da fase.

Para descobrir o método adequado para separar determinada mistura homogênea é necessário saber o estado físico das substâncias antes de serem misturadas e, se tivermos mais de um líquido, seus pontos de ebulição. Utilizando estes conhecimentos prévios, podemos dividir as misturas homogêneas em dois grupos:

1. Mistura homogênea de líquidos (as substâncias misturadas são líquidas. Ex.: água, propanona e etanol na solução comercial da acetona).

2. Mistura homogênea de sólidos com líquidos (as substâncias misturadas são constituídas de sólidas que se dissolvem em um líquido. Ex.: sal de cozinha em água).

Baseado nesse conhecimento foi elaborado o diagrama 6 que fornece os métodos mais comuns de separação de misturas homogêneas. Como nos diagramas vistos anteriormente para as misturas heterogêneas, na "casinha" do método, entre parênteses, estará a propriedade física que o fundamenta.

Diagrama 6 – Métodos de Separação de Misturas Homogêneas

Misturas Homogêneas

De Sólido com Líquido

O sólido está dissolvido no líquido, ou seja, é miscível.

Exemplo

Cloreto de sódio dissolvido em Água.

Dados: $P.E._{H_2O} = 100\ ^oC$

$P.E._{NaCl} = 1413\ ^oC$

De Líquidos

Os líquidos são miscíveis e os P.E. diferentes.

Exemplo

Água$_{(l)}$ com propanona$_{(l)}$ ($H_2O_{(l)} + C_3H_6O_{(l)}$).

Dados: $P.E._{H_2O} = 100\ ^oC$

$P.E._{Propanona} = 56\ ^oC$

Cristalização (Volatilidade)

Destilação Simples (Ponto de Ebulição)

Destilação Fracionada (Ponto de Ebulição)

A **cristalização comum** ocorre quando há evaporação do solvente. Ao evaporar se formam cristais do soluto.

Exemplo: É o método usado para obter o sal a partir da água do oceano. Após coletada a água fica em rasas piscinas onde evapora sob aquecimento solar e origina o sal. Que após tratamento é comercializado.

Usa-se para separar misturas de **um sólido em um líquido**. Como o sólido tem temperatura de ebulição elevada, ao aquecer o sistema é o líquido que ferve, vaporiza-se e tem seu vapor condensado e retirado. O sólido fica no recipiente.

Exemplo: O método pode ser usado para obtenção de água para consumo humano a partir da água do mar. Diferente da cristalização aqui o solvente não se perde.

Usa-se para separar componentes de uma mistura homogênea de **líquidos** que apresentam **diferentes pontos de ebulição**. O líquido de menor ponto de ebulição ferve primeiro, vaporiza-se, é condensado e retirado e o líquido de ponto de ebulição maior fica no recipiente. Pode ser utilizado para separar muitos líquidos em um interminável processo de ebulição e condensação.

Exemplos: O método pode é usado para aumentar o teor de álcool em bebidas alcoólicas chamadas destiladas. Também utilizamos esse método para separar as frações do petróleo e obter gás de cozinha, gasolina, querosene, óleo diesel, ...

        As destilações simples e fracionadas são os dois processos de separação de misturas homogêneas mais comuns. A destilação simples é utilizada para separar o líquido dos sólidos solúveis nele. Para isso utiliza-se do ponto de ebulição do líquido. O método é simples, mas para o método dar bons resultados exige um equipamento adequado. Observe o equipamento laboratorial utilizado para fazer uma destilação simples apresentado na figura 11-5.

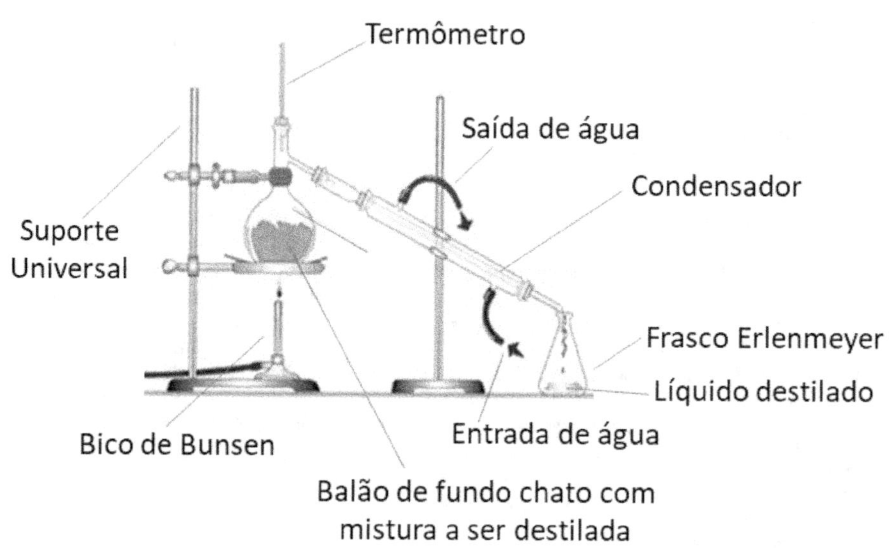

Figura 11-5 – Equipamento Necessário para as Destilações
Fonte: Elaborado pelo autor baseado em
https://br.pinterest.com/pin/417568196689423584/

        Como exemplo de destilação simples faremos a separação do sal da água do oceano atlântico. Imagine que usaremos o equipamento da figura 4. Dentro do balão de fundo chato são colocados exatos 1000 g de água do oceano, acende-se o bico de Bunsen e, com o aquecimento, leva-se a água até a ebulição, os sais dissolvidos, por terem pontos de ebulição muito elevados não entrarão em ebulição e permanecerão no balão até o final do processo. Os vapores da água formados na ebulição sobem pelo balão e se encaminham para o condensador, sofre resfriamento, e a água volta ao estado líquido, escoa para o Erlenmeyer e é coletada como substância pura (água destilada). Quando toda a água ferver, no balão restarão, 33,4 gramas de sais e no Erlenmeyer 965,6 gramas de água destilada. Assim, verifica-se que na solução original existiam 96,56 % em massa de solvente de água e 3,34 % em massa de sais dissolvidos. Observe as figuras 12-5, 13-5 e 14-5 que representam a descrição feita anteriormente.

Início da ebulição da Água

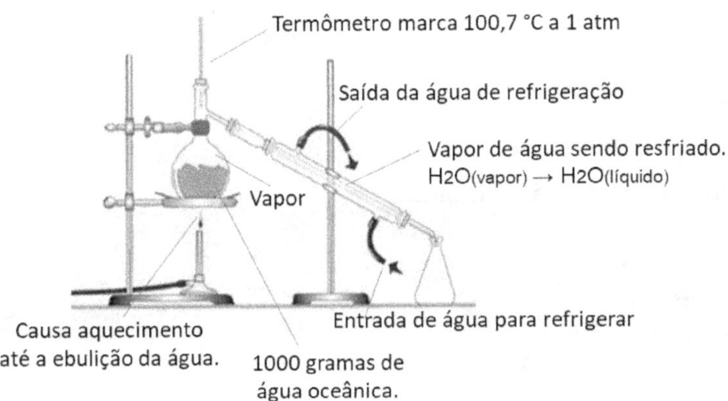

Figura 12-5 – Ebulição do Líquido na Destilação Simples
Fonte: Elaborado pelo autor baseado em
https://br.pinterest.com/pin/417568196689423584/

5 minutos do início da ebulição da água

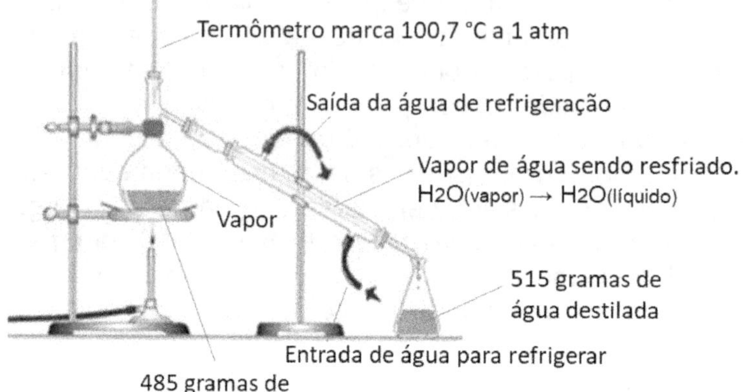

Figura 13-5 – Condensação dos Vapores do Líquido na Destilação Simples
Fonte: Elaborado pelo autor baseado em
https://br.pinterest.com/pin/417568196689423584/

Final da Destilação Simples

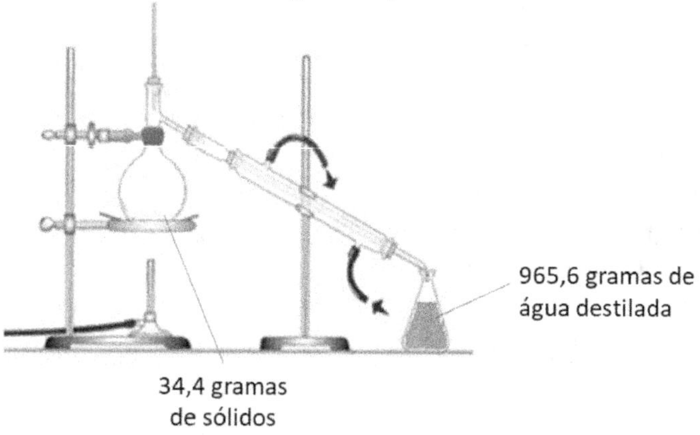

Figura 14-5 – Finalização do Método da Destilação Simples
Fonte: Elaborado pelo autor baseado em
https://br.pinterest.com/pin/417568196689423584/

A destilação fracionada é um processo utilizado para separar dois ou mais líquidos pelo ponto de ebulição. Este processo é utilizado, por exemplo, para separar as frações do petróleo nas refinarias. Aqui utilizaremos como exemplo a destilação fracionada de uma mistura de água (H_2O) e etanol (C_2H_6O) também chamado de álcool etílico. Escolhida por ser uma destilação fracionada muito comum.

A glicose é a substância necessária para obtenção do etanol. Esta pode ser obtida a partir da fermentação de matéria primas como a cana-de-açúcar, uva, cevada, beterraba, arroz e tantos outros frutos e cereais, esse método físico.

Apesar de ser muito realizada a destilação fracionada de fermentados de glicose não consegue separar totalmente a água do álcool, mas é ele que permite a obtenção do etanol combustível, do etanol do álcool em gel e do das bebidas alcoólicas.

O equipamento utilizado nesse caso pode ser o mesmo do utilizado na destilação simples (apresentado na figura 11-5).

Imagine que no balão de fundo chato temos um litro de uma mistura de 100 mL de etanol e água, ou seja, etanol a 10% em volume. Na pressão de 1 atm o etanol ferve a 78,7 °C e a água ferve a 100 °C, assim quando ligarmos o bico de Bunsen e a temperatura chegar a 78,7 °C o etanol ferve, os vapores de etanol e um pouco de vapores de água formados pela evaporação, encaminham-se para o condensador e ao passar por ele e serem resfriados se condensam e passam para o estado líquido e são coletados no frasco Erlenmeyer. No final, se a destilação for feita com cuidado e no tempo certo, teremos no destilado uma mistura com 96% de etanol em volume e 4% de água em volume (no final mostro como eliminar os 4% de água usando outro processo). As figuras 15-5 e 16-5 ilustram o método apresentado acima.

Início da ebulição do Etanol

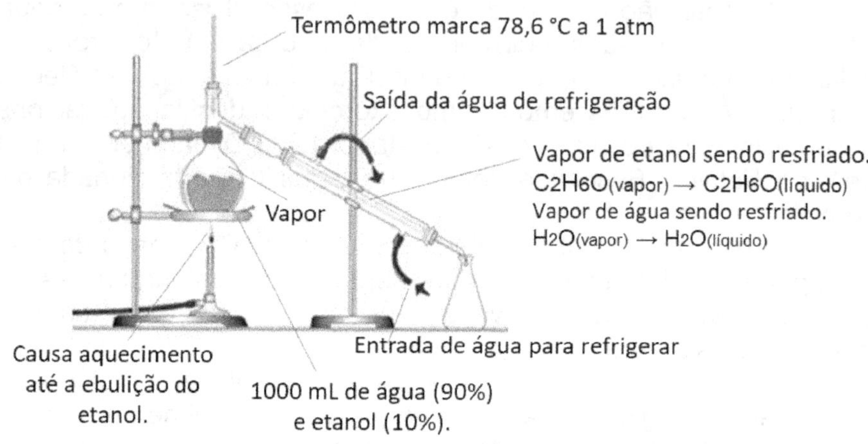

Figura 15-5 – Ebulição do Etanol e Evaporação da Água
Fonte: Elaborado pelo autor baseado em
https://br.pinterest.com/pin/417568196689423584/

Final da Destilação Fracionada Etanol-Água

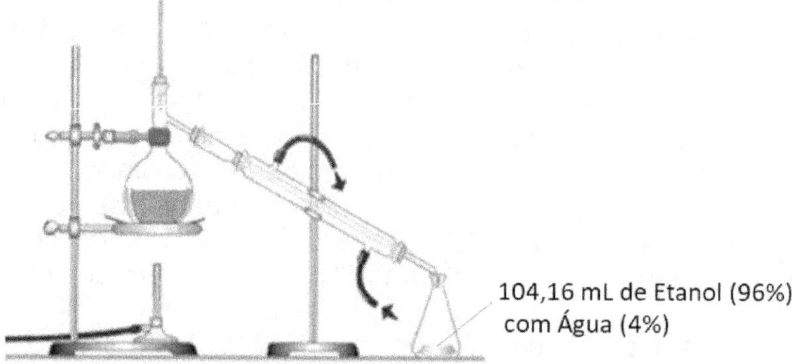

Figura 16-5 – Obtenção da Mistura Azeotrópica Água e Etanol
Fonte: Elaborado pelo autor baseado em
https://br.pinterest.com/pin/417568196689423584/

Devido ao grande uso há, para a separação do etanol e água, equipamentos mais sofisticados que permitem chegar ao resultado (mistura azeotrópica) de forma mais segura. Com esse equipamento mais simples, muitas vezes, é necessário repetir duas a três vezes o processo para obter a mistura azeotrópica.

Para obtenção do álcool anidro é necessário um processo posterior como, por exemplo, o uso de óxido de cálcio (CaO). Essa substância atuará como desidratante da mistura etanol (96%) e água (4%). Como o CaO reage com a água mas não com o etanol, ao pegar os 104,16 mililitros obtidos no processo de destilação fracionada proposto anteriormente, os 4,16 mililitros de água reagirão com o CaO formando um sólido precipitado de hidróxido de cálcio [$Ca(OH)_2$]. Assim, ficaremos, após uma filtragem da mistura heterogênea, com 100 mL de etanol anidro (álcool etílico anidro). A reação do óxido de cálcio com a água está representada na equação a seguir:

$$CaO_{(s)} \quad + \quad H_2O_{(l)} \quad \rightarrow \quad Ca(OH)_{2(s)}$$

12,94 g de Óxido de Cálcio   4,16 mL de água   17,1 g de Hidróxido de Cálcio

Esse processo acima poderá ser utilizado no laboratório, porém, nos processos industriais, há tecnologias mais apropriadas como o uso das zeólitas, minerais cujas cavidades retém a água separando-a do etanol sem uso de reações químicas.

Bibliografia Básica

Atkins, P.; Jones, L.; Laverman, L. - **Princípios de Química: Questionando a Vida Moderna e o Meio Ambiente.** 7ª ed. Bookman, Porto Alegre, 2018.

Brady, J. E.; Humiston,G.E. – **Química Geral – volume 1**. 2ª Ed. São Paulo, 1986.

Brady, J. E.; Humiston,G.E. – **Química Geral – volume 2**. 2ª Ed. São Paulo, 1986.

Brown, L.S.; Holme, T. A. – **Química Geral Aplicada a Engenharia.** 4ª Ed. Cencage, São Paulo, 2019.

Brown, T. et alii **Química: A Ciência Central**. 13ª Ed., Person Education do Brasil, São Paulo, 2016.

Koltz, J. C. et alii – **Química Geral e Reações Químicas – Volume 1**. 9ª Ed. Cercage Learning, São Paulo, 2015.

Koltz, J. C. et alii – **Química Geral e Reações Químicas – Volume 2**. 9ª Ed. Cercage Learning, São Paulo, 2015.

Mahan, B.M.; Myers R. J. – **Química Geral – Um Curso Universitário.** 1ª Ed., Edgar Blucher, São Paulo, 1995.

Russel, J. B. – **Química Geral – Volume 1**. 2ª Ed. Pearson Education do Brasil, São Paulo, 2000.

Russel, J. B. – **Química Geral – Volume 2**. 2ª Ed. Pearson Education do Brasil, São Paulo, 2000.